THE SENTIENT MACHINE

终极智能

感知机器与人工智能的未来

[美] 阿米尔·侯赛因（Amir Husain）著
赛迪研究院专家组 译

The Coming Age of Artificial Intelligence

中信出版集团 · 北京

图书在版编目（CIP）数据

终极智能：感知机器与人工智能的未来 /（美）阿米尔·侯赛因著；赛迪研究院专家组译 . -- 北京：中信出版社，2018.6

书名原文：The Sentient Machine: The Coming Age of Artificial Intelligence

ISBN 978-7-5086-8866-4

I. ①终… II. ①阿… ②赛… III. ①人工智能－研究 IV. ① TP18

中国版本图书馆 CIP 数据核字（2018）第 075699 号

终极智能——感知机器与人工智能的未来

著　　者：[美] 阿米尔·侯赛因
译　　者：赛迪研究院专家组
出版发行：中信出版集团股份有限公司
（北京市朝阳区惠新东街甲 4 号富盛大厦 2 座　邮编　100029）
承 印 者：北京楠萍印刷有限公司

开　　本：880mm × 1230mm　1/32　　印　　张：8　　字　　数：179 千字
版　　次：2018 年 6 月第 1 版　　印　　次：2018 年 6 月第 1 次印刷
京权图字：01-2018-2270　　广告经营许可证：京朝工商广字第 8087 号
书　　号：ISBN 978-7-5086-8866-4
定　　价：49.00 元

献给未来的孩子们

愿你们可以提升人类的境况

目 录

推荐序

现今，人们对人工智能的兴趣大增。人工智能正在被加快应用于生产、生活和社会的各个领域，它使我们能够对此前看不见且无法衡量的场景进行评估。人工智能已经深刻而广泛地改变了人们的生活。从智能手机、图像识别到机器视觉，从嵌入式软件到智能控制，从大数据采集到分析理解等，其中都渗透着对人工智能的创新应用。许多过去被视为只有依靠人的智力才能胜任的复杂工作，也开始出现被机器完美替代的可能性。今天，我们要选择的已经不是要不要接受人工智能了，而是要选择是否以科学理性的方式应用人工智能，造福人类，共同应对人工智能应用可能带来的法律、伦理、公共安全和国家安全等新的挑战。

人工智能是一个广泛的研究领域，约翰·麦卡锡（John McCarthy）和马文·明斯基（Marvin Minsky）在1956年的达特茅斯会议上正式提出这一概念。它涵盖了可以使机器具备推理、学习和行为智力的多种技术。其中一些技术以建造系统时具有代表性的知识和规则集为基础；有一些技术则使用“试探法”，即通过合理推测从大量可能的选项中选出最合理的选项；还有一些技术先做出核心假设，然后考虑新的信息，从而一边工作一边“学习”。

人工智能是一个关于智能的跨学科领域。其中，机器学习是人工智能的一门重要的子学科。机器学习即从数据中学习的算法，这种学习可以分为多种类别，如“监督式学习”和“无监督式学习”等。

人工智能有着人类难以比肩的优势。一是人工智能可以完全脱离载体。在基础层面，人工智能无须考虑保护载体；在更高层面，人工智能还可以同时在多个地点复制或展示智能。我们人类无法了解在同一时间出现在11个地点是怎样一种感受，但人工智能可以。二是人工智能具有快速迭代改进的能力。数千年来，人类一直在追求这一能力。我们尊敬学者、老师和指导者，因为他们能够以多种方式帮助我们学习和提高自我，培养我们使用智力的能力。提高智力对我们来说是一种缓慢的、间接的过程。我们无论是通过对行为、知识的直接感知还是通过输入学习，都无法简单地将他人的智能复制给自己。人工智能却不局限于这种自我改进形式，它可以复制出100万个自己，进而操控它们、测试结果、摒弃不良的更改。这是对智能实施的非常直接而快速的操控，而且它不会对本体造成任何影响。如果人类一直局限于我们的生物智能，就不可能实现如此直接而快速的自我改进。

从20世纪中叶至今，人工智能虽然快速发展，但仍处于单台或局域成组机器处理简单任务的弱人工智能阶段。依靠全球网络、大数据和云计算能力，终端云端协同实现强人工智能的计划，也就是使人工智能具有人类思考方式和处理多样复杂任务能力的计划，还处于发展初期。近年来，人工智能技术呈现出加速发展的态势，其发展水平达到了前所未有的高度。从打败国际象棋大师的“深蓝”，到现今打败围棋高手李世石的谷歌AlphaGo以及处于加快成熟阶段的无人机与无人驾驶汽车，从依靠海量计算能力的“强计算”弱智能，到依靠深度学习大数据、云计算的网络协同强智能，人工智能技术和发展模式正在发生深刻而本质性的转变。我国从 20 世纪 70 年代末开始启动人工智能研究，并于 1986 年将智能计算机系统、智能机器人和智能信息处理等重大项目列入国家高技术研究发展计划。进入 21 世纪后，国家更加重视人工智能的发展，不断加大对相关技术研究和应用发展的支持力度，我们的计算机视觉、语音识别和自然语言处理等人工智能技术快速发展，已进入国际先进行列。

《中国制造 2025》提出以加快新一代信息技术与制造业的深度融合为主线，以推进智能制造为主攻方向，通过智能技术创新和智能制造的应用发展，适应个性化、定制式设计制造服务，促进中国制造向全球制造产业链、价值链的中高端拓展，实现由大转强。人工智能是实现智能制造的基础核心技术和能力。为紧跟国际人工智能的发展趋势，向国内读者展现人工智能的最新发展动态，国家制造强国建设战略咨询委员会组织有关专家翻译了这本书。

人类社会已经进入知识网络时代，在全球多样化、个性化、定制式市场需求的推动下，在万物互联、大数据、云计算等信息、物理与计算环境的支持下，人工智能技术与制造服务深度融合、创新发展，产业化应用速度将更加快捷迅猛。我们将继续发挥自身的专业优势，通过组织翻译国外相关优秀著作，努力为社会各界，特别是制造业领域，提供更多有关人工智能、智能制造等话题的前沿研究成果和创新发展动态。

国家制造强国建设战略咨询委员会

前言

一个小男孩的发现

我清楚地记得我是在哪儿第一次看到它的。那年我 4 岁，正在巴基斯坦拉合尔的朋友家里做客。它就在电视柜上，其闪烁的屏幕一下子吸引了我的眼球。这是一台康懋达 64 位机，是 1982 年市面上最流行的个人计算机。它与电视屏幕相连，屏幕上显示的是猜字游戏。如今，这种类型的游戏我们早已司空见惯。我家里也有电视，所以我知道电视可以播放图像和声音，不过这台机器与电视完全不同。从某种意义上来说，电视上的内容是预先确定的，无法变更，而这台机器可以根据我输入的内容做出变化。我的想法可以影响这台机器，想法能通过我的手指转移到屏幕上。

我一离开朋友家，就立刻回家倒腾起几个被丢弃在角落的破旧玩具以及旧的纸箱和包装盒。“看呀，”我朝我的父母叫道，“我造了一台计算机！”这台机器就好像是我手中的画笔或橡皮泥，它能成为我的终极创造工具。我可以通过计算机改变世界。

从 1982 年的那一天起，我就不想做其他任何事情了。我从没想过要成为一名消防员、医生或宇航员。现在，虽然我在 40 年的人生中一直沉浸在这个领域中，但丝毫没有感到厌倦。计算机是我人生的最大动力之一。

● ○ ○

有些人会立刻像我一样联想到康懋达 64 位机，有些人则对这个故事没有感觉。我诚邀那些不喜爱计算机但终日与科学技术打交道的人进入我的世界。我们将会讨论人工智能的未来以及我们作为人类与这些机器有何种关系，但在那之前，我们首先要了解是什么让计算机的概念变得如此高雅而奇妙。我希望通过对世界的思考来传递其与生俱来的美，从而进一步了解人类如何在即将到来的时代中生活与发展。

我在奥斯汀的得克萨斯大学计算机科学学院就读期间，历史上最伟大的计算机科学家之一——艾兹赫尔·戴克斯特拉（Edsger Dijkstra）对我影响非常大，他认为我们学的不是计算机科学，而是计算科学。因此，计算机是一个认识世界的角度，一种与现实角逐的方式。他的理论使计算机科学超出了技术知识的范畴，并使其根植于人类对自身存在的认识的最深处，成为最深刻和最深奥的概念之一。

无须赘言，计算机科学不只是一门关于设备的学科。我在 11 岁时就非常清楚地意识到了这一点。我的父亲给了我一本名为《对话》（*Dialogue*）的大众杂志，这本杂志由美国新闻处（USIS）在巴基斯坦发行。在前互联网时代，书籍和其他出版物是人们获取信息的重要方法之一，虽然这本杂志本身并无可圈可点之处，但里面的信息很宝贵。我打开这本杂志，一眼就看到一篇关于计算机科学家兼物理学家艾德·弗雷德金（Ed Fredkin）的专题文章，这篇文章的标题是《宇宙是一台计算机吗》[1]，短短的几个字，却让我深有感悟，一个具有深刻解释力的想法也在我脑中浮现出来。它让我意识到，计算机科学所蕴含的丰富概念直接来源于大自然。

以编程为例。当你想要制造某件东西时，你有两个选择：一是直接根据所需要的步骤自己制造；二是发明一台机器，让它代替你执行这些步骤。编程的本质是提供一种可以解释并执行各类方案或者重复执行相同方案的机制，换几个字或者换一条命令的话就会得到完全不同的结果。这种轻松改变结果的能力就是编程的本质。计算机处理的命令被称为程序，这些程序的核心是经过编码的理念，它能解决数字排序、文本搜索和图片转换等问题，这被称为算法。通过计算机等类似的系统，我们可以灵活地使用编程，制造出不止一样东西，而是许许多多东西。如果程序可以自动编写，那会如何？如果解释程序的系统也是一个可以被修改的程序，又当如何？这样的话，一切都能在几乎不产生任何成本的情况下被替换。程序员只需负责输入就可以了。

同样的编程概念还出现在生物界和自然界中，比如"终极代码"DNA（脱氧核糖核酸）。事实上，自然界中所有复杂的生物形式都是 DNA 计算和转化的结果。再比如分形，这种无限循环的图案就是将类似的图案缩放成不同的比例。人类不可能拿起一支画笔绘制出“完整的”分形，只能通过计算来创建这种形状。大自然一直在创造这样的形状，比如雪花、贝壳、云、树和海岸线等。那么大自然也是一台计算机吗？

第一次读《宇宙是一台计算机吗》这篇文章时，它就促使我去探索如何创造宇宙。就像分形一样，你无法直接创造宇宙的每一个部分，对如此复杂的事物，只能先制定某种流程，然后依靠异常强大的重复和循环来实现这一目标。

《生命游戏》（*The Game of Life*）就是一个典型的例子。沉迷于计算机编程的人一定非常熟悉数学家约翰·康韦（John Conway）以及他经典的细胞自动机理论。《生命游戏》（常被称为《生命》）中有一个由多排细胞组成的无限网格。1970年，这个游戏第一次以静态方式印在《科学美国人》（*Scientific American*）上，后来由计算机根据四五套简单的规则运行。[2] 每个细胞只有两种状态，“活”或“死”，并且可以与周围（水平、垂直和斜线方向）的 8 个细胞进行互动：

1. 周围活细胞少于两个的细胞因“人口不足”而死亡；

2. 周围活细胞为两个或三个的细胞能够活到下一代；

3. 周围活细胞超过三个的细胞因“人口过多”而死亡；

4. 死细胞周围若有三个活细胞，该细胞便可因“再生”而成为活细胞。[3]

《生命游戏》只是细胞自动机理论的众多例子之一。还有许多类似的例子，比如斯蒂芬·沃尔弗拉姆（Stephen Wolfram）在他的《一门新科学》（*A New Kind of Science*）一书中也提到了相似的细胞自动机。这些细胞自动机中，大部分都只有 6~8 条简单的规则管理细胞的存亡，而这些规则还产生了类似于图案的东西。从表面上看，这些规律不是随机的和杂乱的，它们呈现出一种可以辨认且永久循环的图案：元图案不断重复，每个图案的具体细节却不尽相同。这是一种只需要付出最少的精力就能实现的无限新颖性。这就是简单规则的迭代应用。

计算机甚至还能生成曼德尔布罗分形，这种分形以法裔美国数学家伯努瓦·曼德尔布罗（Benoit Mandelbrot）的姓氏命名，它的大小超越了人类已知的宇宙。想象一下：你的一生都游走在计算机生成的结构的边缘，就好像是沿着希腊神话中描述的海岸线旅行的古代旅行者一样。在生命的最后，你还是无法看到它的全貌。这些形状的奥秘就在于无限重复，这让我感到惊讶、谦卑和敬畏。当我看到它们被应用于实践时，我意识到计算机科学的核心概念蕴含着人类真正的财富和最大的创造力，即循环、重复、抽象、生成式编程，还有许多其他概念，我将在此书中加以探讨。它们是我们了解人类世界和思维最深处的最佳途径，并且是贯穿本书的知识主线。我们运用这些概念，可以解决当今世界和未来世界面临的一些最为重大的挑战。最重要的是，人类可以使用计算科学实现我们的终极目标：探索、创造和理解我们的宇宙。

THE SENTIENT MACHINE

第一章

什么是人工智能

那种感觉第一次出现时，我还是一名得克萨斯大学的学生。那是在我刚进校几个星期的时候，我在卧室中醒来，感到一种生不如死的疼痛。我从没有感受过那么剧烈的疼痛，就好像有一把刀插进了我的右眼。

我跌跌撞撞走出卧室，迷迷糊糊地朝大学医疗中心走去。医生给我服用了止痛片，并让我躺在一个漆黑而安静的房间里休息，等待我的疼痛减轻，但疼痛并未缓解，我度过了漫长的两天，在这个漆黑一片的房间里不停地思考：我是将手放在火里更好，还是承受右脑的剧烈疼痛更好？我是被一颗子弹穿透身体更好，还是继续体验从眼睛里传来的阵阵剧痛更好？这些并不是抽象的问题，而是我在经历这种难以想象的痛苦时所想到的非常实际的问题。最终，当阵阵剧痛依然猛烈袭来时，问题变得更加简单：我是想继续忍受这种折磨，还是去死？

最终的诊断是我患上了丛集性头痛，也就是俗称的“自杀式头痛”，这是我第一次承受这种疾病带来的痛苦，人们这么称呼它不是没有原因的。每个治疗丛集性头痛的医生都至少有几个在疼痛面前最终选择死亡的病人。

在 18 岁那年第一次发作后，我的头痛直到 20 岁才第二次发作。这两次头痛的持续时间相对较短，都只有几天，但随着时间流逝，头痛持续的时间也逐步延长。一开始是几天，后来增加到几个月。我无法用语言描述这种疼痛。简而言之，在头痛时我甚至无法保持清醒，到最后几乎要失去意识。

最近之前的几年，头痛一直没有复发，但就在两年前，我的“老朋友”再次造访。一天晚上，我感到一阵剧烈的疼痛，就知道有麻烦了。我已经服用了超出一周规定量的舒马曲坦，因此只好绝望地去拿另一种止痛药。我的视力变得模糊，我所记得的最后一件事情是让妻子拨打了急救电话。

我醒来时已经在医院了。神经学家瑞迪亚·莫曼奈尼医生（Reddiah Mummaneni）坐在我的旁边。我可以立刻感受到他是一个聪明的、敬业的好医生。莫曼奈尼医生研究了我的病情，并递给我一篇他在研究知识库中找到的医学论文。

他告诉我："这是目前我认为唯一对你有帮助的疗法。它是一种非常极端的治疗方法，并且这篇论文只描述了一两个病例。我们可以试试从静脉注射大剂量的类固醇，也就是甲泼尼龙。这种治疗方法常被用于治疗硬化症，它能通过对免疫系统产生冲击，使免疫系统冷静下来，而且还有助于缓解炎症。"他解释说，他希望凭借大剂量类固醇的消炎能力，压制这种不明原因的炎症，并且"镇住"大脑内引起丛集性头痛的机制。

在"镇住"我的大脑三天后，我开始服用一种口服类固醇，并且在一个月后开始逐渐减少用量。莫曼奈尼医生问："这种治疗可能会产生非常严重的反应。你能够承受这种风险吗？"我看了那篇论文后马上签字同意了。考虑到我当时的生活质量，可以说我丝毫没有迟疑。治疗过程非常严格，治疗团队反复检查我的血糖、血压、脉搏和心率。最后，在进行静脉注射前，他们还做了一次心电图检查。就在开始静脉注射时，我的头痛突然发作了。4 个月后，疼痛消失，我终于得以解放，至少在当时是这样。

我是一名计算机科学家、技术专家和发明家。我持有 20 多项获奖专利和几十项正在申请的专利。我喜欢机器，并且非常熟悉它们的工作方式和能力。虽然我刚才所讲的故事是一个令人同情的医疗案例，但它至少让我知道了我们在医疗领域的局限性。在不明确的治疗过程中，人类之所以能在所有相关数据中找到所需资料，很多时候是因为巧合：我那晚在医院碰巧遇到了一位合适的医生，这位医生碰巧使用了合适的关键词组合找到了一篇合适的论文，然后他碰巧有时间读了这篇论文并对它进行了加工。我所说的“碰巧”并不是否定一名专业医师所具备的知识、判断力和他所接受的专业训练，在我的案例中，这位医生的疗法非常有效。“碰巧”这个词只是表示，现在医疗行业的任何从业人员都能进行搜索查询。根据最受医生欢迎的网络研究数据库 Medline 的统计，自 1965 年以来，该数据库中的期刊文章引用次数已超过 600 万次，并且在以每年 30 万次的速度增加。[1] 人类的智力有限，无法处理如此大量的信息。我们有可能碰巧找到了所需的数据，也有可能错过它们。

然而，有另外一种智能非常适合解决此类问题，那就是人工智能。如今，人工智能正在被应用于各类医疗数据，此前不可见且似乎无法衡量的生活领域都可以借助该技术进行评估。我的丛集性头痛为何在两年后、又一年后和又五年后复发？它为何有时在一天中发作两次且每天发作时间相同，有时却每天只发作一次？它为何有时在秋天发作，有时却在夏天发作？到底发生了什么？人工智能能够帮助我解答自己的问题吗？我能使用我所熟悉的计算机科学与技术来结束我的痛苦吗？

无数造成极度痛苦的疾病因患者不足而未成为主要研究对象或引起足够关注，丛集性头痛仅仅是其中之一。人类的智力是有限资源，而目前我们都将智力这种资源分配于解决对人类影响最为重大的问题，这无可厚非，但还有很多疾病，仅仅因为患者不足，便永远不会引起高端人力资本和专业人士的关注。因此，许多遭受病痛折磨的患者将永远无法获得摆脱痛苦所需的知识。

人类无法关注所有疾病，但机器可以。如果我们想要改善我们的生活，那么机器就必须做到这一点。

不仅仅是在医疗行业，在人类社会的每一个领域都是如此，包括天文学、化学、材料科学、制造、金融服务等，而且这份名单还在不断地变长。这就是进步，我认为我们必须接受这一点。

01. 我们在害怕什么

我曾在我的家乡奥斯汀举办的西南偏南大会（SXSW）上发表过关于人工智能的演讲。不久之后，就有抗议者举着“不要机器人”和“人类才是未来”的标牌大喊“拒绝机器人”。那一年是 2015 年，相似的场景还出现在 1980 年、1967 年、1950 年甚至更早的 19 世纪。历史上，技术进步既让我们感到欣喜，又让我们对未来机器在人类文化中所扮演的角色感到深深的担忧。

历史上，每一项具有时代意义的技术进步在带来机器自动化的同时，都会引起我们情绪上的大起大落。两个多世纪前，蒸汽机的发明使社会陷入了混乱，文化评论家、预言家和企业纷纷试图解析“机器问题”。与英国青年一代运动相关的作家与劳动者站在了一起，他们将手工制作上升到爱国情怀的高度。蒸汽机和动力织布机等机器成了泯灭人性的象征，甚至威胁着国民品格。

> 算盘、锤子和锄头用得真顺手，
>
> 朴实的人们依靠辛勤的汗水生活。[2]

在英国脱欧的背景下，这首《欢乐的老英格兰》显得格外合拍。反对技术创新者会让我们不可避免地怀念和憧憬简单的生活。正是在工业革命这场巨大变革的中期，玛丽·雪莱（Mary Shelley）在1818年出版了她的经典恐怖小说《弗兰肯斯坦》（*Frankenstein*）。这本小说通过第一位现代科学家维克多·弗兰肯斯坦（Victor Frankenstein）的视角探讨了在技术不断进步的社会中产生的非人道力量。

● ○ ○

玛丽·雪莱写那本小说时只有18岁。1815年的夏天是有气象记录以来最冷、最沉闷的一个夏季，一座位于印度尼西亚的大火山爆发，喷出了大量的火山灰。这些火山灰在第二年来到了北半球，而玛丽·雪莱当时被困在瑞士的一栋高级别墅中，有一群志同道合的朋友做伴，包括拜伦勋爵、她的继妹克莱尔·克莱尔蒙特（Claire Clairmont）以及她的爱人珀西·雪莱（Percy Shelley）。在度过了无数个雷雨交加的夜晚之后，拜伦勋爵建议大家一起写鬼故事。玛丽·雪莱刚刚离开她父亲家不久，而她的父亲是著名的进步主义思想家威廉·戈德温（William Godwin）。她看过当时伟大科学家的作品，吸收了解剖学、电疗学（一门研究用电流使肌肉萎缩的学科）等领域的各种思想。在拜伦勋爵的建议下，玛丽·雪莱以自己的知识和灵感创造了维克多·弗兰肯斯坦这个角色。[3]

在20世纪的电影和舞台剧中，弗兰肯斯坦的怪物头上的脉冲电极和结节被渲染得更加夸张，但在雪莱的原版小说中，科学家维克多·弗兰肯斯坦利用基本的生命原理，为没有生命之物注入了生命。她甚至还特意强调弗兰肯斯坦在工作中使用的是科学方法，但她对看到怪物那一刻的描述借鉴了古希腊神话中的普罗米修斯或《圣经·旧约》中的《创世记》：

> 我看到这渎神的信徒脸色苍白地跪在一堆东西旁边。我看到那如梦魇般的景象，一个男人探身而起，随后，伴着那些动力设备的工作，显现了生命的迹象，混合着僵硬的、半生半死的运动。这当然很可怕，因为再也没有什么比人类试图创造发明、嘲讽并效仿造物主的伟大规则更恐怖的了。[4]

在这段文字中，我们看到的是一个重大的哲学困境，我们不安的根源：谁是造物主？我们所创造的东西什么时候才能真正具有自我意识？

《弗兰肯斯坦》将这些问题抛给了不断进步的现代社会，但只要人类在不停地创造，我们就会继续与我们的创造者发生身份冲突。全球的许多影响力巨大的宗教都围绕“无偶像论”颁布了命令与行为准则，禁止以任何物质代表生物和神明。《希伯来圣经》中有无数反对偶像崇拜的段落，比如第二戒律：

除了我之外，你们不可有别的神。[5]你们不可为自己建造任何偶像，也不可仿造天地间和水中的万物。

你们绝不可向任何偶像跪拜，我是主，我是你们的上帝，我是忌邪的上帝，我必降祸于罪人的子孙，恨我的人，我要追讨他们的罪，直到第三四代子孙。

而古希腊神话故事中则充满了各种具有代表性的自动化机械。[6]在古希腊神话中，火神赫菲斯托斯等角色的发明都是作为奇妙的创新受到赞颂的。赫菲斯托斯甚至设计了全世界首个全自动侍者，侍者通过20个轮子在奥林匹斯山上移动，在众神沉溺于美酒时服侍他们。

历史学家兼作家帕梅拉·麦考达克（Pamela McCorduck）用了大半生时间记录人工智能的历史，从两个角度分析了我们所创造的生命机器，它们既奇妙、实用，同时又兼具狂妄性和危险性，直到今天，这两个极端仍是冲突的根源。[7]我们敢篡夺这一神或大自然的力量吗？即便我们敢于这么做，我们是否做好了面对意外结果的准备呢？

《创世记》的故事讲述神用泥土塑造了亚当的身，然后将自己的灵魂吹入泥土。然后，神教会了亚当一切事物的本质。由于具有了知识和知识所带来的思考能力，神将亚当视为最高等的生物。在这个故事中，神命令天使和恶魔伊比利斯（相当于撒旦）服从这个具有自我意识的新生命。当天使天真地询问为什么要服从他时，神的解释是亚当可以学习知识。他的思想并非静止不动，这使他能够学习、成长和改变。因此，从这段对生命的创造性叙述中，第一种除神以外具有自我意识的生物——人，出现在了宇宙中。

当然，我们今天不研究神话和寓言，我们要谈的是人工智能的爆炸性发展，其发展速度已经超越了人类理解其后果的能力，这在现实中意味着什么？连硅谷最强大的公司似乎也在技术方面持有不同的立场。2014 年，特斯拉和 SpaceX（太空探索技术公司）的创始人埃隆 · 马斯克（Elon Musk）在麻省理工学院发表演讲，将人工智能称为人类"最大的生存威胁"。[8] 他在演讲中指责人工智能是在"召唤魔鬼"。

"大家都熟悉这种故事，一个人拿着五芒星和圣水，然后他觉得自己拿着这些就能控制魔鬼了，"他接着说，"但这些人最后都以失败告终。"埃隆 · 马斯克并非唯一一个"拉响警报”的人。持这一观点的知识界重量级人物还有斯蒂芬·霍金（Stephen Hawking）、比尔·盖茨（Bill Gates）、牛津大学教授和生存主义哲学家尼克·波斯特洛姆（Nick Bostrom）以及亨利·基辛格（Henry Kissinger）。2014年，霍金对BBC（英国广播公司）说：“全面人工智能的开发可能会给人类带来灭绝。”[9] 在2015年接受硅谷热门网站Reddit的采访时，比尔·盖茨表示：“我属于担心超级人工智能的一方。首先，机器应该代替人类完成大量的工作而不是具有超级智能。如果我们能够有效地控制它，那结果应该会很好，但过了几十年后，人工智能将强大到让我们担心的程度。我同意埃隆·马斯克和其他人对此的看法。我不知道为什么有些人一点都不担心。”[10]

2015年下半年，马斯克宣布自己有意提供10亿美元，用于资助一家专门致力于安全人工智能研究的新型非营利性组织。该组织名为OpenAI[11]，这里汇聚了大批该领域中天赋极高的人才，而且他们提出将公布自己的设计与代码。不久后，马斯克、霍金和其他1 000名技术界的泰斗和重量级人物联合签署了一份呼吁禁止自动武器的公开信。[12] 2015年秋，那些硅谷最著名的技术公司共同建立了“人工智能联盟”，围绕即将到来的智能机器时代，探讨所有与之相关的问题、危险和道德伦理事宜。[13]

然而，在本书中，我们将一同探索“反人工智能运动”如何威胁到了人类开发急需的技术，而此类技术可以解决21世纪最复杂的问题。在第二章，我将解释为何限制人工智能或采取限量监管措施将对我们的文明造成巨大的破坏，但在讨论这些问题前，我们先要将自己置身于当前围绕着人工智能盛行的文化恐惧中。然后，我们要深入了解算法如何超越人类大脑，完成人类大脑难以企及的工作。机器智能到底是什么？

有一个问题我们已经司空见惯，关于人工智能的探讨大多以人类为中心：它与我们有多相像？它能“冒充”人类吗？这种思想要追溯到20世纪50年代。当时著名的数学家艾伦·图灵（Alan Turing）（电影《模仿游戏》就是为了纪念这位数学家而拍摄的）发表了他的论文《计算机与智能》（*Computing Machinery and Intelligence*）[14]，并且提出了今天所谓的“图灵测试”。在“图灵测试”中，一个人类询问者分别与一个人类和一台机器进行交流，且交流方式仅限于通过屏幕使用纯文本通道。

图灵在论文中指出，当计算机的回答可以欺骗人类询问者，使询问者相信它是人类时，计算机胜利。我们仍在使用各种版本的“图灵测试”作为人工智能获得成功的晴雨表。当人类使用电话通话时，会倾向于认为与自己说话的是一名内布拉斯加州的友好的销售代表，而不是计算机算法，这便是语音识别软件程序的一次重大成功。

这是一种奇怪的自我陶醉。我们真的认为只有人类的智能才是唯一值得模仿的智能吗？模仿真的是最终目标吗？关于思想，机器可以教给我们很多东西，而这些思想跟人类的思想没有任何关系。

“图灵测试”和其他此类机器学习“模拟”指标，可能与如今的人工智能实际应用关系不大，但这些指标还是深深地吸引了文化界的关注。想一想最近所有关于人类臣服于机器强大模仿能力的电影，比如史蒂文·斯皮尔伯格（Steven Spielberg）的《人工智能》（*Artificial Intelligence: AI*）和斯派克·琼斯（Spike Jonze）的《她》（*Her*）。

我们需要说明人工智能如何以截然不同的方式设计思想。我们可能认为我们已经理解了人类世界的“认知多样性”，但无论是哪一流派的人类思想者，都拥有用来激发恐惧的杏仁核、激发未来责任感的前额叶皮层以及将我们眼中的数据转换成图像的视觉皮层。机器的工作模式截然不同，甚至其基板使用的都是硅，而不是组成人类大脑基础的碳。因此，机器思维与生俱来的优势就是速度、不受约束的能耗、无限的记忆（短期和长期记忆），这些都与生物意识有着本质区别。我们目前的人工智能发展到了什么阶段？我们距离真正的人工智能还有多远？

02. 人工智能、机器学习和认知计算与人类智能的比较

最近，人们对人工智能的兴趣大增。在主流媒体中，认知计算、机器学习等几乎就等于人工智能。我们需要了解这

些术语的真正含义，因为它们并不是人工智能的另一种名称。了解这些术语之间的差异有助于我们区分机器智能与人类思维。

人工智能由约翰·麦卡锡和马文·明斯基在1956年的达特茅斯夏季会议上正式建立，这个会议的主题包括数学、博弈论和逻辑等。[15] 人工智能是一个广泛的研究领域，它一般涵盖可以使机器具备推理、学习和行为智能的多种技术。其中一些技术的运行要基于系统建造时编写的知识和规则集；有一些技术则使用“试探法”，即通过合理推测从大量可能的选项中选出最合理的选项；还有一些技术先做出核心假设，然后考虑新的信息，从而一边工作一边“学习”。

无论是否从数据中学习，人工智能都是一门关于智能算法的跨领域学科，而机器学习是人工智能的一门子学科，专指从数据中学习的算法。机器学习可以被分为多种类别。比如“监督式学习”是以一组事先贴标的示例表示的算法，这种算法可以确认数据和贴标结果之间的关联或类别。在“无监督式学习”中，则无法使用事先贴标的示例集，而是使用无贴标或无分类的数据。打个比方，“监督式学习”就是给它很多猫和狗的照片，每张照片上都标注这是猫还是狗，然后让它区分之后的图片中是猫还是狗。“无监督式学习”与之相反，它的目标是突出一大批猫和狗的照片的区别，而这些照片上并没有标注图片中是猫还是狗。

机器学习技术利用每个示例中的特征或属性，最终要实现的目标是正确地贴标或分类，比如哪些特征可以用于区分猫和狗的照片。当提供更多猫和狗的照片时，机器学习算法会尝试建立模型，分析哪些基本辨别要素或特征是区分猫和狗的可靠指标。

现在，我们来想想具有行为智能但不从数据中学习的算法。这方面的案例有某些国际象棋算法，这些算法已包含国际象棋的规则和一些区分有利或不利局面的方法。如果无法准确、科学地确定局面的有利程度，就可以使用“试探法”或直觉规则。

比如在一般情况下，和对手相比，剩下的棋子越多就越有利，同样，确保皇后存活也更有利，而被将军则不利。国际象棋算法可以通过国际象棋规则，算出棋手根据当前情况可能采取的所有走法，并对每一种走法进行评分，无论是有利的还是不利的，均不例外。它还可以选择最有利的走法，并且重复进行这样的选择，直到胜利或失败。该过程之所以如此简单，原因之一在于，只计算之后的一步棋并不足够，它可能需要计算之后的好几步棋，一般情况下，一种算法就通过这种方法展示看似智能的行为，但它不会从结果或新的信息中学习。

最后是认知计算。这个术语直到 20 世纪 80 年代才开始被学术界所使用，但计算机行业早已开始使用这个词，这是因为 IBM（国际商用机器公司）曾利用这个说法推广其“沃森”（Watson）系统。认知计算这一工作领域最贴切的定义就是：探索如何使用受人类大脑启发的机器学习技术。因此，认知计算包括硬件和软件两个层面。事实上，在 IBM 开展的关键项目中，属于认知计算的有 TrueNorth 架构（这种新型处理器尝试使用硅复制人脑结构）以及更为大家熟知的“沃森”软件。

通过上述例子，我们清楚地了解到这些智能算法的行为方式与人类大脑截然不同。比如，我们假定的国际象棋算法会根据单一的、实时的状态和国际象棋规则知识，建立所有可能的走法或至少建立一个极大的子集，而人脑无法做到这一点。我们往往会“删除”大量的可能性，因为一些可能性完全是荒谬的，甚至是不值得考虑的。相比于人脑，高性能计算机中的算法可以探索更多的可能性。虽然人脑可以同时处理多项任务并擅长多种认知任务，但人类大脑的“运行频率”慢于硅处理器，因此人脑执行纯数学任务的速度较慢，准确性也较低。在有些情况下，计算机和人脑之间的这一区别，也就是探索“所有选项”的能力的区别，是计算机的一项巨大的优势。

1982 年，斯坦福大学的研究人员道格拉斯 · 莱纳特（Douglas B. Lenat）、威廉 · 萨瑟兰（William Sutherland）和詹姆斯 · 吉本斯（James Gibbons）在《人工智能杂志》（*AI Magazine*）上发表了一篇论文，该论文展示了生成和分析大量可能性的能力，让人们认识到一种新类型的三维微电子设备。[16] 而在此之前，人类研究人员从未找到这一发现。该发现由一个名为“Eurisko”的算法自动生成，这种生成和分析可能性的能力在斯坦福大学教授约翰 · 科扎（John Koza）开创的基因算法研究中得到了最大限度的发挥。2006 年，科扎在《科技新时代》(*Popular Science*)发表了一篇文章，与大众分享了他的成果。[17]这篇文章的标题虽然有些夸张，但也十分准确，叫《约翰·科扎制造出一台发明机器：这一发明赢得了多项专利，胜过了人类并且很快将飞向宇宙》。凭借探索“所有选项”的能力和数学资源，科扎的基因算法设计出多个电路图，还对很多人类发明的专利进行了逆向工程，并找到了很多应用方式，这些方式与原有专利有本质的不同，从而避免了专利重叠。

当然，人类智能有自己独特的优势。虽然受能量和物理空间的限制，人类的大脑相对较小，但正是这一点带来了许多进化上的“智慧”。人类智能拥有一套非常有效的删减技巧，能避免大脑依次处理几十亿种情况，只为找到一两种有用的信息，从而防止大脑承受过重的负担。那种类似于暴力破解的方法所需的运算量是生物体无法承受的，但可以肯定的是，接近无限的数学能力加上足够的计算速度，的确可以带来新发现，而我们的大脑目前还没有得出此类发现。由于我们必须节省能量，而且考虑到大脑所受的物理限制，我们必须以最优化的方式利用大脑，因此我们在某种程度上可以说是“思维僵化”。然而机器可以使用大量的能量和空间，因此它们的智能与我们的智能有本质上的区别。

不仅我们的计算能力受到生物学限制，就连我们的记忆力也受到这一限制，我们所能记住的事情有限而且“模糊不清”。在许多心理学或智力测试、游戏、有趣的挑战中，测试者会给我们看一张房间的照片，几秒后，我们被要求回忆窗帘的颜色或者墙上的画的数量。我们很难记住这些信息，因为记住每个细节对我们的进化生存而言并不是非常重要，但计算机可以记住它接触到的任何图片、声音或事情的每一个细节。人类学习后会忘记某些内容，但计算机不会。对机器来说，“什么是重要的”这一问题有着截然不同的含义。我们往往更容易记住重要的时刻，但机器会记住每一件事，然后再确定这些保存完好的经历中哪些部分对未来是重要的。显而易见，这种具有完整记忆能力的智能，其行为完全不同于我们人类的行为。

大部分人都认为学习是一种智能行为，但人类与机器对学习的定义是不同的。试着考虑一下，我们只能学习被感知到的知识，通过一种感官获得所学内容，比如视觉、手指的触觉、嗅觉或味觉等。我们努力扩展这一能力，试图直接看穿数学、逻辑等抽象工具，为什么杰出的数学家或物理学家如此少？其中一个原因在于，经验越抽象，我们就越难处理它们。我们看不见四维、五维或十维空间，所以只有极少数人可以只通过使用数学等工具思考四维或更高维度的空间。我们所有人都能直接看到三维空间，因此在探索这一直接可以被感知到的空间方面做得很好，而机器智能在这方面再一次不同于人类。委婉地说，以数学为基础构造而成的智能不会被数学应用能力所限制。高维度空间的感知、处理和理解方式与三维空间不同，不仅提供用于长期积累和学习的输入信息的传感器类型不受限制，就连此类传感器或输入信息的数量也不受限制。如果我们的后脑勺上也长了眼睛，那我们是不是就变成了另外一种生物？机器智能把这种差异拓展到了极致。

可能最基本的一点在于，人类智能来自我们的思维。我们的思维存在于一个地点，被牢牢地固定在身体内。一个身体只能容纳一种思维。

机器智能却可以完全脱离载体。在基础层面，机器智能不需要考虑保护载体的需求，而在更高层面，机器智能还可以同时在多个地点复制或展示智能。我们无法了解在同一时间存在于 11 个地点是怎样一种感受，但机器智能可以。

自我改进是人类与机器智能之间的另一个差异。数千年来，人类一直在追求自我改进。我们尊敬学者、老师和指导者，因为他们能够以多种方式帮助我们学习和提高自我，包括提高我们使用智能的能力。这一改进，即智能的提高，对我们而言是一种缓慢的、间接的过程。我们通过行为、知识的直接感知或输入来学习，无法简单地将他人的智能复制给自己。我们有这样一些俗语，比如“有些知识只能通过经验学习”等。机器智能不局限于这种自我改进形式，它们可以复制 100 万个自己，操控它们、测试结果，然后摒弃不良的更改。这是对智能实施的非常直接而快速的操控，而且它不会让本体承担任何成本或后果。如果人类一直局限于我们的生物智能，就不可能实现如此直接而快速的自我改进。

● ○ ○

上述几点只是机器智能与人类智能之间主要差异的一部

分。根据这几点能更容易地了解会思考的机器与人类智能有多大的不同。

虽然我们距离完全有感知的机器还有很长的一段路要走，但近期在人工智能领域所取得的突破为我们指明了方向。这主要归功于经过改进的新的机器学习技术——深度学习。这一系列精明的技术受到大脑结构的启发，目前它们被用于支持谷歌的搜索引擎、Facebook（脸谱网）的自动照片贴标、苹果的 Siri、特斯拉的无人驾驶汽车等各种新事物。那么深度学习到底是什么？

03. 尝试制造一个人类大脑：深度学习的故事

人类大脑是如何工作的？这个问题已经困扰了人类数千年。古埃及人认为“自我”位于心脏，而公元前 6 世纪和公元前 5 世纪的希腊毕达哥拉斯学派学者则主张“思想”位于大脑。亚里士多德不同意这个充满争议的理论，并且在公元前 4 世纪表示，大脑的作用是冷却血液，它并非思想的源头。直到

19 世纪 90 年代显微镜和神经染色技术发明之后，1906 年诺贝尔奖得主圣地亚哥 · 拉蒙 – 卡哈尔（Santiago Ramón y Cajal）提出“神经元学说”，认为大脑的功能单元是神经元。[18]

拉蒙 – 卡哈尔只是诺贝尔奖得主中探索大脑深层秘密的众多科学家之一。1963 年，艾伦 · 霍奇金（Alan Hodgkin）和安德鲁 · 赫胥黎（Andrew Huxley）解释了神经系统发送、连接和保存信息的基本原理，并因此赢得当年的诺贝尔奖。[19] 他们的研究被普遍引用，并且对今天的神经科学产生了巨大的影响。

然而，在这两人于 1952 年对他们的模型进行描述前，已经有人在尝试使用机器模仿人类的大脑了。1943 年，神经学家沃伦 · 麦卡洛克（Warren McCulloch）与沃尔特 · 皮茨（Walter Pitts）合作，就神经元的工作方式撰写了一篇重要的论文。[20] 了解这一原理后，他们开始研究如何通过电子器件构建简单的神经元，这就是早期的人工神经网络。到 1960 年，另外两位研究者，亨利 · 凯利（Henry Kelley）和阿瑟 · 布赖森（Arthur Bryson）使用数学的分支学科动态编程，开发出人工神经网络的学习算法。[21] 该算法被称为反向传播。

多年来，反向传播被成功地应用于神经学习，并且催生了20世纪80年代末和90年代初人工智能系统的热潮。由于它能够教会此类人工神经网络几乎任何事情，因此被视为一个诱人的机会和一种强大的能力。1989年，伊利诺伊大学厄巴纳－香槟分校超级计算研究和开发中心的研究员乔治·塞班科（George Cybenko）得出了一个惊人的发现。[22] 他证明了在数据足够并且神经元数量充足的情况下，神经网络可以使连续数学函数接近任意精度。因此，全球拥有了一个受人脑启发的计算机器框架，虽然笨重而缓慢，但它构建了一个充满希望的数学基础，这样的组合前途无量。

不幸的是，这些早期研究者发现自己领先于他们所处的时代太多。当时的硬件无法有效地支持可以解决焦点问题的大型神经网络。20世纪八九十年代的系统存储量有限，因此无法捕捉或存储大量数据，这进一步加剧了挑战。

由于数据量极少且质量较差，人工神经网络难以观察、学习和行动。在使用反向传播和其他类似的学习算法时，人们遇到了重大挑战。虽然投入巨大，但神经网络往往只能提供次优的解决方案。

这意味着什么？训练一个神经网络就像搜索虚拟场景，在寻找解决方案的过程中会遇到“学习问题”。想象一个具有所有可能性的、场景不断滚动的空间。我们眼前的这个空间组成了山谷、深坑、深谷和山脊。现在，这个场景的轮廓出现了测量误差。我们在深谷中的深度越深，误差就越小。如果我们将一个保龄球放在山峰上的任意一处，保龄球很有可能会滚动、下滑并找到一个低表面（局部最低），但最低的深谷（全局最低）可能距离很远，位于我们想象的场景的另一端。保龄球出发的位置不太好，因此会陷入一些低地，但不是最低的地方。反向传播就常常被局部最低所欺骗、所困住，这一问题为有效降低错误率增加了难度。

实际上，许多在 20 世纪 90 年代末和 21 世纪初尝试语音识别产品的计算机用户提前体会到了这些挑战，而且他们可能没有真正理解语音识别产品背后的技术。虽然这些产品在经过数小时的训练后可以正常运行，还可以在一个完全无声的房间中使用优质且昂贵的麦克风输入指令，但它们称不上真正的语音识别。

如今的情况截然不同。人工神经网络被广泛应用于声音和图像识别。Siri 可以在有背景噪声的情况下识别你的语音，而且你可以使用非常便宜的麦克风输入语音指令。亚马逊的 Alexa 还将识别能力提升到了一个更高的水平。

这一切是如何实现的？为何精度突然提高了？这主要归功于深度学习，具体而言要归功于计算机科学家杰弗里·辛顿（Geoffrey Hinton）的工作。

辛顿生于 1947 年的英格兰。[23] 他在剑桥大学本科阶段选择的是心理学专业，因为他越来越想探索神经网络，但很快他就意识到，他的教授并没有真正理解神经元的学习或计算方式。虽然当时的科学能够解释电信号从一个神经元转移到另一个神经元的原理，但没有人可以向辛顿准确地解释几十亿次互动如何产生智能。他觉得自己可以使用不断发展的人工神经网络工具更好地理解大脑的工作原理，因此他从 1972 年开始攻读爱丁堡大学的人工智能博士学位。在之后的研究中，他尝试使用硬件和软件创造互相连接的信息层，就像人类大脑通过密集的神经元网络传递信息一样。20 世纪 80 年代初，随着反向传播算法的出现，辛顿的人工智能研究开始探究人类大脑的工作原理。1992 年 9 月，辛顿在《科学美国人》上发表的一篇文章中首次向大众解释了他的研究工作的核心。[24]

除了自动编码器和玻尔兹曼机（同样是由辛顿开发的）方面的技术细节之外，他找到了一种优化保龄球在错误场景中位置的有效方法。通过这种方法，保龄球可以自然地滚动到一个合理的低洼位置并停止，错误被大幅减少了。

今天，辛顿作为一名加拿大籍的科学家仍在继续他的研究，同时他还担任搜索引擎巨头谷歌的顾问。他和同事的研究工作引起了人工智能界和大众媒体的关注。2015 年《纽约时报》（*New York Times*）科技版记者约翰·马尔科夫（John Markoff）的报道《人工智能的学习能力匹敌人类》，只是无数此类文章中的一篇。[25] 深度学习似乎真的已经解决了"感知"问题。计算机现在可以比人类更好地识别字符、图像、物体、声音、语言，甚至是视频画面中的物体。

这些进步正在引发硅谷对人工智能和机器人的新一轮关注和投资。机器人侍者、无人机和发明专家纷纷出现——不是作为科幻电影中的角色，而是出现在像劳氏这样的大超市以及底特律大部分出厂的汽车内。根据市场研究咨询机构

Tractica 的统计，美国 2016 年的人工智能支出达到 6.4 亿美元，预计到 2025 年，这个数字将达到 370 亿美元。[26]

然而，正如深度学习一样，人工智能还停留在狭义人工智能（ANI）阶段。通过深度学习等技术，机器越来越熟练，它们将能够代替人类完成以前只有人才能做的工作。

无人驾驶汽车、仓库机器人、军队中的机械骡、半自动武器、手机上的 Siri 和 Cortana、来自 IBM 的著名计算机棋手“深蓝”或者最近击败世界顶级围棋棋手的 AlphaGo 算法，我们每天都在接触各种各样的狭义人工智能。

这些不同的狭义人工智能就像是对人类各种能力的放大，但随着时间的推移以及这些狭义人工智能能力的增加，人与机器之间的距离会逐渐缩小。2017 年 3 月，埃隆 · 马斯克宣布他正在投资成立一家名为 Neuralink 的新公司。[27] 新公司的目标是创造计算机与人类大脑之间的直接皮层接口。他认为，可以通过将我们的思维与机器的思维合并来避免人类的灭亡。像 Neuralink 这样的公司并不是孤军奋战，其他硅谷创业公司也开始进入神经科学领域。大部分公司表示，研究的最终目标是实现大脑电子受体，制造出被科幻作家伊恩 · 班克斯

（Iain M. Banks）称为人与机器智能之间的“神经织网”的东西。大部分神经学家都认为我们距离“神经织网”仍十分遥远，但机器智能对人体机能的增强正在发展之中。截至本书撰写之日，人类已经可以通过人工智能、增强现实和传感器技术扩展自己的技能与推理能力了，较常见的有人工耳蜗（一种代替受损耳朵的电子医疗器械）和控制异常心率的心脏起搏器等。虚拟现实眼镜、耳机、传感器以及人工智能感知和控制算法领域的新成果使人类获得了更加“超人”的能力，比如：

- **紫外 / 红外视觉：**使用人工智能看见光。
- **完美声音记忆：**你所听到的每一个声音会被永久编目，并且可以查询搜索。
- **声音三角互证：**当你听到巨响或“砰”的一声时，你的眼镜就会显示正在发生的事情。
- **完美图像记忆：**当你看到一个牌照时，就能捕捉牌照号码和字母并且可以进行搜索。
- **提示：**人工智能始终在你的大脑内提出建议并且

添加 Fitbit 等设备增强身体机能。

- **"上帝"视角：**卫星照片和全自动小型无人机可以将照片直接发送到你的手机上，就好像你的双眼在移动。
- **LIDAR（激光雷达）传感：**可以使用脉冲激光测量距离的远程传感技术。
- **能够预测附近任何物体的具体行动与速度。**
- **能够看到和探测无线电波：**通过划动手势将所感知到的无线电波从以太中抽出，然后进行解码和编目。
- **X 光视觉：**通过自动机器眼看到建筑内部，从而检查是否有漏水等技术故障。

所有这些增强方式仍然属于狭义人工智能。只有当计算机科学与工程设计创新可以控制意图或能够设宏大目标并控制自我意识或"感知"时，我们才能实现广义人工智能（AGI）。

为了成为广义人工智能，人工智能系统需要像人类一样成为通才。它需要通过海量数据进行学习，然后归纳所学到的东西，就好像我们在小时候学会将积木叠在一起、组合在一起或者垫在脚下去拿书架上的书。它需要理解含义和语境、能够合成新知识、有自己的意图并且在任何情况下具备自我意识，这样它才能理解在这个世界上拥有决定权意味着什么。

04. 从狭义人工智能到广义人工智能：获得感知的过程

让我们在这里暂停一下并思考目前技术发展到了什么程度。比如波士顿动力公司（Boston Dynamics）所制造的“机械骡”，还有经过编程后能从美国国家广场到达华盛顿特区林肯纪念堂的无人机。无人机已具备了足够的智能，可以识别自己是否碰到了一群人或动物等，还可以进入子目标状态，找到绕过障碍的线路。在实现子目标之后，无人机会继续执行主目标，即到达林肯纪念堂。具备较低智能的机器能够完成简单的、小范围的目标，而具备较高智能的机器可以完成难度更高的、更复杂的目标。如果你询问无人机为何要穿过广场到达纪念堂，它不会做出任何回答。让我们人类成为人类的特点，也就是让我们具备通用智能的特点就是我们能为自己设定目标范围。

广义人工智能与狭义人工智能的本质区别之一就在于是否能够为自己设定宏大的目标。人类社会之所以伟大，是因为所有公民都朝着有价值的目标奋斗。如果无法设定复杂的目标并实现它们，那么人类社会就会崩塌并停滞不前。我认为感知是一种辨别“我”与其他事物的能力，也是一种将目标视为存在的证明、设定“自我”目的的能力。

目前已经有各种狭义人工智能增强了人类的机能。计算机在开车、下棋、解方程式、识别手写输入等方面做得更好。我们为这些狭义人工智能提供的是意图或者理解和设置技能目标的能力。换言之，意图是目标的前提。目前，最复杂的目标设定工作由人类完成，而在未来，计算机也可以很好地制定宏大的意图和目标。假设目标是向一个银河系超星系团移民，人类甚至可能不知道这是否真的有必要，而未来的人工智能可以对此类任务进行准确的判断。

狭义人工智能向广义人工智能的转变就是从没有思想和自我意识变成有思想和自我意识的过程。当哲学家笛卡儿第一次说出“我思故我在”时，他告诉了我们一个存在的证据。思考的能力或者说思考这一行为本身出现之时，就是产生感知之时。这类似于宇宙起源时的大爆炸，第一颗物质逸出之时就是宇宙开始之时。

当机器进行第一次思考时，它就成了广义人工智能，也就是出现了感知，出现了能够设定宏大目标的“自我”。

即使人工智能界的领导者也很难想象这种“大爆炸”是什么样的，以及它可能会带来什么结果。贝宝（PayPal）的联合创始人、硅谷的重要人物彼得·蒂尔（Peter Thiel）认为，我们甚至难以描述广义人工智能以何种形态出现。在接受《纽约时报》专栏作家莫琳·多德（Maureen Dowd）的《名利场》（*Vanity Fair*）专访时，蒂尔表示：“在某种意义上，人工智能问题涵盖了人们对计算机时代的所有希望与恐惧。我认为当被逼到这些极限时，人的直觉就会崩塌，因为我们在这个星球上从没有遇到过比人更聪明的东西。”[28] 著名的人工智能研究者埃利泽·尤得考斯基（Eliezer Yudkowsky）在接受多德的采访时表达了他的预测分析：“人工智能不必控制整个网络。它不需要无人机。它之所以危险，不是因为它有枪，而是因为它比我们聪明。假设它可以从 DNA 信息中预测蛋白质结构，那它只需要向合成自定义蛋白质的实验室发几封电子邮件。很快它就会拥有自己的分子机械，然后制造出更精密的分子机械……我只希望这样的情况不会发生。我无法准确预测我们会如何输给人工智能，因为人工智能将比我聪明。”[29]

人工智能研究者对这一“大爆炸”发生的时间持不同意见。人工智能“传教士”的代表人物、《奇点临近》（*The Singularity Is Near*）的作者雷·库兹韦尔（Ray Kurzweil）认为广义人工智能即将出现，而像本·格策尔（Ben Goertzel）这样的保守人士则认为我们只有投入比现在多得多的资源进行研究，才能在不久的将来实现广义人工智能。[30]

不管是需要 20 年、70 年还是 200 年，大部分业内人士都同意广义人工智能即将到来，但为何那么多科学家与技术人员把这一成就称为零和博弈呢？我们为何坚持认为人类将输给人工智能呢？难道我们不应该庆祝人工智能的降临并把它视为一个奇迹吗？人类——这一在宇宙中自然出现的生物，在一个相对较短的时期所创造出来的东西比通过 138.2 亿年进化所产生的生物更加复杂。无论你是科学家还是普通公民，这对你来说难道不是一项大快人心的、值得庆贺的成就吗？为何庆祝的人这么少？随着关于人工智能降临的日报标题和时事短评越来越多，我们的社会陷入了焦虑和恐惧。我将我们的恐惧分成两类，“感知机器”的出现可能会：（1）让人类变得毫无用处；（2）杀死我们。

05. 对能够设定宏大目标的广义人工智能的恐惧：人工智能将使人类变得毫无用处

对于《星际迷航》（*Star Trek*）的影迷们，他们的脑海中已经拥有未来地球可能的生活情景了。在《星际迷航》的社会中，金钱不再起到决定性的作用，人们不再为生存而工作。他们没有为满足生存需求而工作的欲望。在电影中，被主角认为落后和古怪的弗瑞吉人使用更传统的货币——拉帝锭。

没有人会问：“你靠什么谋生？”在《星际迷航》中，你的谋生手段就是生活本身。

科幻作品中的愿景远非天马行空的想象，我认为科幻作品里描绘的场景给了我们一张明确的未来路线图。我们无法确定 10 年、50 年或 100 年后的详细情况，但所有数据都指向一个方向：目前由人类承担的大部分工作在未来将由机器承担。在《未来：改变全球的六大驱动力》(*The Six Drivers of Global Change*) 一书中，作者阿尔·戈尔 (Al Gore) 将“机器人采购”和“外包”定义为美国和全球面对的两个最大的挑战。[31] 美国劳工部认为未来增长最快的行业是“护理”，即为老年人服务的人类护工和护士。[32] 这项工作将提供约 180 万个工作岗位。同时，无人驾驶汽车将取代约 300 万个目前的工作岗位，包括出租车司机、卡车司机、铁路服务人员等。[33] 根据普华永道 (PwC) 2017 年 3 月发布的一项研究，美国的就业市场将在自动化竞赛的过程中遭遇最严重的失业。[34] 到 2030 年，美国目前的工作岗位数量将减少 38%，这一比率比德国 (35%)、英国 (30%) 和日本 (21%) 都要高，这是因为美国的金融服务业以及批发和零售业中的常规工作和自动化流程较多。

无论具体数据如何，可以肯定的是我们中将出现大量“失业人员”，而社会结构需要进行大规模的调整。未来主义者巴克敏斯特·富勒（Buckminster Fuller）在50年前就提出，科技已十分发达，可以满足每个人的基本需求。[35]之后，政治意志开始介入，目前就是如此。面对岗位替换，我们需要做出必要的结构性变革，在那之前，政府必须解决人民对生存的担忧：我们拿什么买食物？如果没有收入，我的孩子该怎么办？银行准备收走我的房子吗？这些对日常生活的担忧使我们对奠定了美国文化基础的“伟大神话”产生了质疑：美国梦破灭了吗？如果不去追求成功，那我们是谁？如果我们能够被机器如此轻松地取代，我们的人生目标又是什么？

我认为对我们来说，这些生存上的问题能帮我们瓦解多年来积累的一些过时的观念，而这些观念曾支撑着我们的生活方式。为什么必须为了生活而工作？150年前，70%的美国人都在从事与食品生产相关的工作。今天，这一比例下降到2%。[36]工业化最初为工人创造了足够的工作岗位，使他们能够去工厂参加回报丰厚的劳动。许多人都走出家门，开始从事各式各样的工作。在现代化和目前的后现代化过程中，我们的工作与对我们生存至关重要的商品和服务生产渐行渐远。未来，人类创造力的产物将是思想，也就是创意构思。

我们的创意将比机器智能更好吗？机器智能将尝试掌握人类擅长的每个领域，包括思想。

那么，这将把我们带向何方？《机器人瓦力》（*Wall-E*）中的世界是否就是我们的未来？所有人都将坐在可移动的躺椅上喝着超大杯的汽水？当生活失去有意义的工作时，我们会感到迷茫。这就是人工智能的两大威胁之一：我们害怕它让我们变得毫无用处。它的出现会彻底动摇给人类带来最深层存在意义的宗教和哲学。

06. 人工智能会杀死我们

哲学家、《超级智能》（*Superintelligence*）[①] 的作者兼著名存在性风险学者尼克·波斯特洛姆通过一系列反乌托邦的思维实验向公众发出了关于人工智能的警示。在他的一项“噩梦实验”中，广义人工智能的目标是实现回形针产量的最大

① 尼克·波斯特洛姆的《超级智能》一书简体中文版已由中信出版社于 2015 年 1 月出版。——编者注

化。波斯特洛姆认为，这台让回形针产量最大化的机器为了开发更加成功的回形针生产技术而不断提高自身的智能，最终成为他所说的超级智能。基于这种智能水平的不断提高，该思维实验推测这台机器在某一天会把我们的整个太阳系变成一堆回形针。[37]

虽然我尊重波斯特洛姆和他的研究，但我对这一思维实验表示质疑。正如我之前所述，广义人工智能的特点是越来越复杂的目标设定。积累回形针的目标太过愚蠢以致机器本身无法变得非常智能或有创造力。

然而，波斯特洛姆的研究鼓励我们思考的是这一“实用功能”理念，或者叫根据对个人的实用程度对备选方案进行排序的数学函数。大部分人的期望都是由许多目标组成的。比如，如果希望获得幸福，那么我们的目标就是改变生活中的各种体系。除了花更多时间陪伴家人和获得更多的睡眠之外，我们可以进行体育锻炼和在社区中从事志愿活动。另一方面，狭义的“实用功能”会转而利用数学方法找到最快捷的途径，实现特定结果的最大化。这就是波斯特洛姆所提出的存在性风险。如果我们把提升人类幸福感作为广义人工智能机器的一个目标，那将发生什么？

机器都会追求实现这一目标的最快方法，不管带来何种后果。机器可能会选择一种超级算法，制造探针刺激入睡者分泌内啡肽，或强迫喂食鸦片，从而使人获得生物化学中界定的精神愉悦感。目前执行“实用功能”的机器仅限于象棋等有限的领域，但未来广义人工智能的“实用功能”必定是复杂的。即便如此，这些机器还是有可能重新评估自己的“实用功能”。我们能否控制这些目标？可能不行。马斯克等反对进一步发展人工智能的人认为，仅凭这一事实就应该减慢科学进步的速度。他们认为，目前唯一让我们免于灭顶之灾的原因是人工智能还没有宏大的目标。

我们不是预言家，我们中的任何人都无法预测人工智能的未来目标。我们可以知道的是当今世界所面临的现实。在我看来，人类中的穷凶极恶之辈比未来任何的广义人工智能都要危险。在短期内，相比于让回形针产量最大化的机器，一个能够控制先进狭义人工智能的疯狂领导者要危险得多。鉴于目前实际存在的威胁，停止发展更先进的智能技术于我们而言有何益处？更值得警惕的是，如果我们停止研究，而其他一些不怀好意的政治力量仍在继续研究，那我们该怎么办？

许多善良、智慧和理性的人都赞成限制和禁止特定类型的人工智能研究，尤其是对可能用于军事的系统的研究，而我对此的观点是，这些禁令不可能起到预期作用。

事实上，与许多过去的制裁和禁令一样，此类措施可能只会让我们试图禁止的集团和组织开展隐藏的地下项目。

以核武器扩散的历史为例。核武器已经传播到美国之外，而美国是第一个开发出这种武器的国家。俄罗斯、美国、英国、法国、印度、巴基斯坦、以色列、南非、朝鲜等都拥有核武器，伊朗也可能拥有核武器。在大部分情况下，这些国家会受到严格的制裁，甚至连军民两用系统的出口也被禁止，但现状又如何？事实上，许多分析家认为由于中东复杂的盟友与敌对关系，伊朗核武器的开发意味着沙特阿拉伯、阿联酋和土耳其如果目前还没有开发核武器，那么它们很快也将这么做。[38]

另一个例子是无人作战飞机（UCAV）。美国在这一领域起到了带头作用，并且在全球地区战争中广泛地使用“掠夺者”和“收割者”无人机，许多美国的盟友和敌人都想要获得这项技术。比如美国的两个盟友巴基斯坦和沙特阿拉伯都要求获得无人作战飞机技术。在遭到拒绝后，它们开发了本土技术。土耳其航宇工业公司（TAI）开发出 Anka 中海拔长距离无人飞机。[39] 作为全球受制裁最严重的国家之一，伊朗也已开发出多种非常先进的无人机。其中包括一种隐形无人机，它似乎是复制于美国的 RQ–170 型飞机。[40] 伊朗曾侵入一架 RQ–170 型飞机并迫使其降落在伊朗的领土上。

除了这些具体的例子之外，我们还需要思考这些禁令背后的心理，尤其是当它们与战略技术相关时。囚徒困境是博弈论中最著名的问题之一，它为我们提供了一种围绕不同的人工智能的未来进行情景规划的有效工具。[41] 囚徒困境指的是这样一种境况，一个团伙的两名成员 A 和 B 被逮捕并分开关押。如果他们互相背叛，则每个人要坐两年牢。如果 A 背叛 B，但 B 没有背叛 A，则 A 将无罪释放，B 将被判刑三年。如果他们都保持沉默，则各自服刑一年。虽然看起来保持沉默是“最划算”的行为，因为双方所受到的惩罚最小且相同，但他们都不相信对方会采取这一“最划算”的行为。理由是只要背叛对方，就有可能被无罪释放。A 和 B 都不得不考虑对方可能采取最有利于自己的选择，而且如果这样的话，被背叛的一方将被处以最大的惩罚（三年有期徒刑）。因此，双方经过考虑后所采取的行为往往是互相背叛，并一起“蹲”两年牢房。

现在让我们把这个困境扩展到人工智能禁令上。人工智能无疑是一项对机器、制造、能源、国防等所有领域产生革命性影响的技术。如果军事领域的人工智能被禁止，那么许多国家都会开始像囚徒困境中的 A 和 B 那样思考：

> **情景 1：**如果一个国家遵守禁令，而其他国家暗中继续开发人工智能武器，那么其他国家的优势就会被最大化，而遵守禁令的国家将会处于极大的劣势。
>
> **情景 2：**如果所有国家自愿放弃开发并遵守禁令，那是最好的情况，但谁也无法保证这种情况会出现。与囚徒一样，这些国家会在未充分掌握其他国家决定的情况下在内部做出决定。
>
> **情景 3：**如果所有国家都开发出先进的人工智能技

术，此时的情况不如每个国家都遵守禁令那么美好。虽然风险依然存在，但至少所有国家都会意识到，如果它们中的任何一个国家使用人工智能武器，都会遭到抵抗。换言之，将出现威慑。

我们是否应该祈祷人工智能被用在好的地方，被用来造福我们而不是伤害我们？我们是否应该专注于这个目标并努力使其成为现实？当然如此，但我们不应该自我麻痹，认为通过一纸禁令就能解决问题。人工智能已经存在并且将继续存在，它将变得越来越聪明和能干。到时候，任何禁令都无法阻止创新的爆发。

我们真正需要做的是，在可解释的人工智能、道德体系和人工智能安全等领域加倍投资，以此加快人工智能的发展速度，而不是在强制命令和禁令这条路上越走越远。这些才是真正的技术、能力和算法，它们能安全处理事故并防止技术滥用。以无人驾驶汽车为例，我们需要将生命托付给多种执行感知和决策任务的机器学习算法。

在这种情况下，设定超高的安全性与可解释性标准可谓迫在眉睫。比如我们可以通过指标保证狭义人工智能每一百万小时的错误数量是人类的十分之一、百分之一或千分之一。我们可以从非常熟悉这些指标的航空业获得这方面的灵感。航空技术，包括半智能控制系统等，每天都需要负责保障数百万人的生命安全。因此，目前飞机比由人类完全控制的汽车要安全得多。这个例子说明，我们可以通过类似于当下智能控制系统的方式提升狭义人工智能系统的安全性。

然而，这个方案面临着一个关键质疑，而这值得我们在此讨论。作为目前最成功的机器学习系统，深度学习系统利用了神经网络、大规模收集统计权重和激活函数。在人类看来，这些其实都是乱七八糟的数字，它们在经过不断调整后，可以用来解释新的数据。在这些结构中，对大多数人类观察者来说，知识和学习的表示方式根本无法辨识。因此，批评接踵而至。这些系统似乎成了一个个“黑匣子”，人类无法探究和分析。

这一批评是对的，人工智能界必须赶快补救这个问题。我自己的研究重点是自主式控制系统的可解释性与安全性[42]，而美国和全球的一些著名研究者正在研究其他可以提高人工智能控制系统（自主系统）可解释性与安全性的方法。美国国防部高级研究计划局（DARPA）作为美国国防部负责尖端科技研发的部门，在过去几十年主持开展了许多前沿性研究，其中一个名为 xAI 的项目专门资助可解释性领域的研究。[43]

这些都是严肃而重要的工作，它们试图让狭义人工智能变得可以被理解、被说明，并且最终能以直接和具体的方式被修改，从而防止得出错误的结论或保留错误的事实。

正如其他新兴技术一样，关于人工智能的未来使用及其安全性问题，将出现许多不同意见。虽然要面对诸多挑战，但我会始终保持乐观的态度，相信我们能够开发出可解释的安全系统，从而大规模部署人工智能。更重要的是，我相信人工智能的益处将超过它的风险和缺点。在我看来，现在唯一需要做的就是加倍努力发明出更加容易被理解和被说明的系统。

无论对人工智能的态度是乐观还是悲观，你都必须记住，科技一旦被释放就不可能再回到“瓶子”中。好奇是人的本性。在历史长河中，我们一直展示着无止境的发明欲望。我们不可能停止发明吗？我认为是不可能的。出色的发明家创造出各种各样的东西，而创造出能够进行自我创造的东西是任何发明家的最高成就。

07. 漫漫前路

总之，我们正在将人工智能视为一种存在性威胁，而不是一个机会。这一即将到来的感知机器时代让我们有机会问自己：我们是谁？我们想成为什么？当我们从历史的角度看这些问题时，作为一个物种，我们的存在与生存轨迹本身就具有价值。这是进化生物学的核心宗旨。人类是唯一一种能够自我进化的生物。人工智能也许是我们的第一个可以感知到自我思想的发明，但当人工智能做到这一点时，我们是否真的需要将它视为一种威胁？或者我们是否可以把它看作一种截然不同的事物？我们是否可以将人工智能视为我们的创造，一个诞生于我们自身想象力的孩子？

对于最持久的信仰，我们往往会保留其中的精神概念，比如神、《创世记》的故事等。我们可以用这些框架来强调某些关键历史时刻的重要性。在接下来的100年中，我们将实现宇宙用138.2亿年才实现的成就：创造另一种具有智能的形式。这就是为什么作家兼纪录片制片人詹姆斯·巴拉特（James Barrat）将人工智能称为“我们最后的发明”。[44]

正如玛丽·雪莱邀请我们思考使用知识创造另一种生物一样，广义人工智能的“大爆炸成型”可能成为我们的终极困境与终极目标。我们将提出新的职业与工作理念，因此这一人工智能的爆炸式增长将引发一段不稳定期，但我们之所以是人类，并不是因为我们懂得如何把箱子装上卡车或者我们可以在高速公路上驾驶汽车。人工智能在不久的未来将为我们完成这些任务以及其他许多事情。到那个时候，我们将成为宇宙的造物主，因此我们依然具有生存的意义。我们必须播下人工智能的种子，并且给予它们变成最终形态的能力与机会。

正如自然无法预测任何一次特定的变异一样，我们作为人类也无法预测我们最伟大的创造的进化轨迹。我们不应该压制它的发展，那可能最终会伤害到我们，并且还可能伤害到整个宇宙。

● ○ ○

在后面的章节中，我将重点介绍一些激动人心并且具有启发性的案例，展示狭义人工智能如何改变着当今世界。这份对当今狭义人工智能的快速概览并不详尽。我只是想提醒大家，当我的工程师和科学家同行们在呼吁禁止人工智能的研究时，他们正在延缓人类从痛苦和苦难中解放的速度，并且妨碍了我们的世界变得更公平和更公正的进程。

技术创新必定是复杂的：我们必须接受它是一把“双刃剑”这一事实；我们必须在探索和了解宇宙的同时，承受道德模糊甚至是恶意使用技术的可能性。

接下来，我将向你们展示狭义人工智能网络所支持的具备认知能力的全自动设备如何不可避免地让人类脱离许多现代生活的重要决策循环。比如在关于战争的章节中，我们将了解到未来的自动武器能够在无人干预的情况下，在一秒内进行反击。虽然这一即将到来的未来可能令人担忧，尤其是在军事这样的领域，但我的意图是证明：即使未来没有人工智能，我们的处境也不见得会更安全。我们无法阻止科技的进步，只能希望它被用于好的方面。

接下来，我们开始吧……

THE SENTIENT MACHINE

第二章

当今世界与不久之后的将来

01. 物联网的出现

此时此刻，有一个网络正在我们周围扩展。我们可以将它比作行星的皮肤，甚至比作我们整个人造环境的皮层。这个网络就是物联网（IoT）。随着狭义人工智能让我们的世界变得越来越智能，它也变得越来越密集。几十亿个我们每天接触的人造物，比如汽车、红绿灯、牙刷、桥梁等，正在从纯静态的形式转换为具有认知功能的物体。

在讨论这一不断增长的智能所产生的直接影响之前，我们需要思考其他“智能爆炸”如何改变了我们古代的和工业化前的文明。比如南方古猿或古代人类在 250 万年前开始制造工具，但这些粗糙的石器的唯一目的就是更好地利用人体肌肉力量。这些工具不靠人类肌肉力量是没法移动的。再来看看约 15 000 年前，人类驯服了牛；5 000 年前，人类驯服了马。我们看到的是人类不断地寻找更高级的使用或增强自身肌肉的方法。

这促使人类在公元前 3500 年发明了轮子、在公元前 1500 年发明了滑轮等机械装置。通过这些发明，人类不仅驾驭了自己的肌肉力量，而且还放大了这一力量。

从使用原始的石器和木制工具，到开发出具有独立于人类的动力源的系统，我们用了 200 多万年。只要喂养那些可以驱动设备的动物，并对机械装置进行维护，我们就能使用这些系统实现重要的功能，比如从井中抽水以及抬起大石头和原木等。1698 年，随着蒸汽机的出现，我们最终迈入了工业时代。蒸汽机使机器能够脱离任何形式的生物力或自然力而运行。通过创造这种机器，我们创造出了在自然界前所未见的力量源泉，它们更大、更快、更有弹性，也更有力。

尽管拥有了机械力量，这些工具和系统还是需要依赖于我们的决策。我们可以规定它们的运动范围，当任何一台机器需要开启或关闭时，我们都必须执行这一操作，但在 19 世纪初，一个机械创新上的细微变化改变了这一切。

1801 年，法国织布工兼发明家约瑟夫 · 玛丽 · 雅卡尔（Joseph Marie Jacquard）正在寻找一种方法，以创造更复杂的纺织图案。[1] 当时，除基本线条以外的所有设计都必须由工匠用手仔细缝制，但雅卡尔意识到他可以为织布机增加一种新的灵活性。

他决定教织布机理解指令，而不只是按照预定顺序执行一连串动作。这个想法不仅给纺织业带来了一场革命，使一台织布机可以织出多种图案，而且也改变了普通工业。雅卡尔通过给卡片打孔实现编码，这种打孔卡片就是定义图案的程序，这与一个半世纪之后出现的计算机非常类似。形式与功能的分离或者指令与执行的分离就是编程这一概念的基础。

一个半世纪后，一个全新的学科——计算机科学出现了。就像雅卡尔织布机中的编码一样，计算机科学改进了框架和流程，因而能够高效地定义和执行复杂活动。这门科学是关于如何制造更加智能的编程机器的，而其子学科之一——人工智能是关于如何制造完全独立于人类操作与思想的会思考的机器的。

今天，在雅卡尔织布机发明200多年后，指甲那么大的可编程计算机就能够控制强大的微型电动机并且从各种数字传感器中获得信息，从而进行抽样、处理和对现实世界做出响应。控制此类设备的程序越来越精密化和智能化，再加上无处不在的网络连接以及功能越来越强大的处理器、传感器和驱动器，这些将合力创造一个我们到现在都几乎无法想象的未来。

欢迎来到物联网革命时代，在这个时代中，智能技术无处不在、人造设备和系统可以自己完成越来越多的决策。

在物联网时代，几十亿台设备将互相通信，在没有任何人类干预的情况下进行协商、交互、测量、响应等。为了阐明我对这一未来发展趋势的观点，我将分三个阶段来描绘物联网的应用。

物联网第一阶段：测量和追踪

我们已经进入了物联网第一阶段。在消费品方面，我们已经拥有了可穿戴设备和其他一些小装置，它们可以测量脉搏和心率，记录每天行走的步数，预测昼夜节律，在我们未进入深度睡眠时发出警报，还能在怀疑门外有人或有人试图闯入时自动将住宅照片发送给我们。在商业方面，传感器已经被嵌入几乎每一种重要的工业资产中，包括发电机、涡轮机、泵和钻探设备等。这些传感器被用于测量系统各个方面的性能，比如温度和压力等，并保存测量结果以便人们进行后续分析。

物联网第二阶段：建模和预测

一些领域即将进入物联网第二阶段。在第二阶段，从第一阶段设备中获得的数据将被设备自身用于建立环境、塑造设备行为以及建立系统行为模型，从而预测未来。

比如消费类可穿戴设备以前只能监测心率和脉搏，之后将进化为不仅能够测量，而且还能完整地诊断并提供建议的可穿戴医生。为此，这些设备需要获得更高级别的智能以及大量的传感器和环境数据。设备自身或设备所连接的网络的认知能力可能包括阅读和处理自然语言和数据，如照片和视频等。想象一下，一个可穿戴设备看着你吃饭，它会判断你吃的是什么，计算食物的量和热量，然后用这些信息向你发出各种提醒，比如违反规定的饮食、意外摄入的食物可能引发危及生命的过敏反应等。

在商业领域，机器不仅能够监测基本的性能参数，而且将使用这些一级数据获得深层预测模型，通过这一模型实现振动、温度和压力等测量参数的更高层次的互动，从而发现能够在混乱的现实世界中驱动系统的复杂物理规律。

联网系统不仅具有传感功能，而且能采取更加精密的行动。这些系统包括送货无人机、无人驾驶卡车和拖车等，而越来越先进的工厂和仓库机器人将使用“视觉”探测物品并对产品和包裹进行分类。

物联网第三阶段：一万亿台完全自主的设备

在第三阶段，物联网的真正潜力将被发挥出来。我们将建立一个没有限制的、便于复制的、分布范围巨大的联合网络智能，为具有认知能力的、完全自主的设备提供支持。传感器将变得异常强大，这不仅是因为有硬件能力的支撑，还因为拥有高智能的人工智能算法能够将基础传感器获得的信息融入相关的、详细而复杂的现实情况中，获得超越人类视觉、听觉、嗅觉和触觉的感知。智能设备对世界的认知将是最深刻的，而制造这些设备的人类大都无法体会到这种现实。

物联网第三阶段包括能够感知并避免现实世界冲突的自主和移动系统。试想，未来将存在这样的算法，它可以控制几十万架无人机，为它们的人类主人完成越来越多的工作，比如为作物喷粉、将急救药品送到城镇，或是将下一代武器系统变成自动追踪猎杀的无人战斗机群。所有这些活动将为我们的人造环境提供越来越强大的支持，因此人类开始离开这个循环。正如我们将在后面的章节中看到的那样，这会使我们把人类世界的决定权拱手让给我们身边不断发展的网络。

02. 医疗行业

目前，狭义人工智能正在被用于各种医疗数据，这使我们能够对之前生活中不可见的、似乎无法测量的方面进行评估。我的丛集性头痛只是无数引起疼痛但因患者人数不足而未被重点研究或引起关注的病症之一。莫曼奈尼医生在治疗时甚至对我说："人类对许多疾病还不了解。根据我的从医经历，当我们不知道该怎么做时，常常使用三种药。第一种是类固醇，它可以抑制人体内各种引起发炎症状的物质；第二种是可以治疗从耳朵到脚趾的各种感染的抗生素；最后一种就是阿司匹林等抗凝血剂。"他在跟我说这些时无奈地摇了摇头。即便是在这家全球最先进的医院，我们仍使用这些非针对性的原始药物，试图驱赶我们体内的疾病。

机器则不需要这么做。它们的精确度远远在人类之上。如果我们想要继续在医疗和医药领域取得进步，那我们就需要这一精确度。

统合疾病的肆虐

社区中心有一间不起眼的房间。我曾去过那里，房间里摆着一圈坚固的棕色座椅。大家依次进入房间，然后把外套和包放在椅子旁边。等到这圈座椅坐满后，参与者就开始发言。[2]一个年轻人说："我突然从睡梦中醒来，疼痛得蜷缩成一团。我盯着天花板并尝试呼吸和数数，直到疼痛过去。"

在他讲完自己的故事后，一位年纪较大的女士也开始发言："我有一天晚上突然感到一阵剧烈的疼痛，我都没法走到床上。我躺在厨房地板上，在那里睡了一夜。我不敢移动，害怕疼痛加剧。"

在晚上之前，房间里的24个人都描述了各自的经历。一个年轻女性说："我已经不再制订计划。我开始不去思考未来。我每次觉得可以出去找我朋友，最后都会打消这个念头。我害怕自己会因为疼痛难忍倒在餐厅的地板上，或更糟糕的是，倒在肮脏的公共厕所里，还是待在家里比较好。"

这是克罗恩病和结肠炎患者互助小组的一次聚会，每周类似这样的聚会数以千计。这个房间内的每一个人以及世界各地千千万万在相似房间中聚会的患者，都患有一种炎症性肠病（IBD）。什么是炎症性肠病？这个正式的名称具有误导性，因为它根本不是一种疾病。它是一个模糊的术语，指的是所有涉及肠道内部感染的疾病。与我的丛集性头痛一样，让这个房间里的人感到如此绝望的是炎症性肠病没有治愈的方法。

如今，治疗此类炎症的最大希望是使用类固醇。当类固醇不起作用时，医生常常不得不通过造口术切除肠道，然后炎症性肠病患者只能留着一个造口和一个挂在体外的造口袋生活。

我们不甚了解的疾病不胜枚举，对于这些疾病，现代医学界只能使用此类粗糙的治疗方法。一些疾病因具有独有的特征而容易诊断，但也有复杂的统合疾病，其中包括数十甚至数百种不同的疾病，其症状也紧密相关。人工智能是少数几种能够为此类患者提供更精确诊断的工具。

人工智能：未来的发展趋势

越来越多的科学家开始研究肠道以及它与大脑之间的关系，以治疗像炎症性肠病这样的统合疾病，这一关系被称为脑肠轴。此类研究可能会推动医学技术取得突破性进展，但它过于复杂以致必须使用基因序列，同时它也越来越依靠算法建模。

目前，最先进的计算模型研究实验室使用DNA序列确认标记，即短DNA序列。这一捷径无须确认整个基因组，它使研究人员能够更快地了解单个肠道微生物组的整体情况。通过开展这种细节性的肠道研究，研究人员越来越接近这样一个未来，即为病人提供真正个性化的干预治疗。[3]

所有这一切都将为粪菌移植术提供无法估量的巨大帮助，而这种技术是脑肠轴领域目前最激动人心、最万众瞩目的医疗突破。这种手术曾被视为激进的非主流治疗方法，而现在有更多的医生愿意尝试这种方法。他们会从健康人群中取一个粪便的样本，然后将样本放入病人的微生物组，使样本能够刺激该系统朝更健康的肠道组成发展。粪菌移植术已被证明能够非常成功地治疗一种名为艰难梭状芽孢杆菌的细菌所引起的致命感染。[4]研究人员希望能够使用这项技术发现更有效的炎症性肠病治疗方法。

然而，在没有对脑肠轴有更深入了解的情况下，此类尝试最多只能获得不稳定的结果。研究人员仍然不清楚粪菌移植术成功的原因，可能的原因是健康人粪便中的细菌进入患者肠道内后，开始充当对抗致病病毒的守卫，而可能性更大的原因是，上述情况与其他尚不为我们所知的因素共同作用。

《科学转化医学》（*Science Translational Medicine*）于2017年3月1日刊登的一篇研究文章指出，提取患有炎症性肠病的大鼠肠道中的粪便，并将其移植到健康大鼠的微生物组中，结果健康大鼠不但出现了轻微的炎症，而且变得焦虑。[5]炎症性肠病患者中也普遍存在类似的焦虑症状，该症状包含着一个关键的奥秘，解开它，我们就能认识肠道健康对整个人体精神功能起到什么作用。这项由贾达·德帕尔玛（Giada De Palma）主导的研究表明了粪菌移植术可用于治疗炎症性肠病，但该领域的研究人员认为需要更深入地了解肠道以及肠道和大脑的关系。

只有通过计算和动态建模工具，我们才能更加详细地了解这些复杂的、互相关联的系统以及它们与个人医疗之间的关系。如果研究人员想要超越目前粪菌移植术的试错阶段，就需要使用近期人工智能发展所带来的更精确、更机械化的微生物群模型。

● ○ ○

正当研究人员准备使用算法模型研究炎症性肠病之时，位于加州圣拉蒙的一批创新创业公司，如 HealthTell，正计划在未来使用人工智能系统开发一种诊断工具，用于治疗另一种自身免疫系统的统合疾病：狼疮。这种慢性炎症性疾病的成因是人体免疫系统攻击自身的组织和器官。对病人而言，可悲的是这种疾病一开始常常被误诊，因此只有在身体器官遭到严重破坏后才会被发现并得到治疗。我最近与 HealthTell 的创始人比尔 · 科尔斯顿（Bill Colston）交流了医学诊断技术的现状，探讨了如何在未来通过人工智能增强诊断。[6] HealthTell 的技术已从简单的基因组测试发展到使我们能够了解免疫系统整体情况的诊断测试。

科尔斯顿告诉我："研究人员近期了解到，在数百万年间，免疫系统已经进化出一个非常特定的、复杂的疾病响应机制。其响应取决于疾病的类型。"在 HealthTell 的技术研究工作中，他没有将重点放在疾病的直接检测上，而是尝试测量身体对疾病的反应。

免疫系统会在遇到病原体时立即做出反应。相对而言，病人体内会出现大量抗体，因此可以轻松地检测疾病并了解身体的整体情况。

科尔斯顿解释道："目前的诊断只有两种状态，你不是'生病'，就是'健康'。如果你生病了，就要看医生，但我们发现这并不是疾病发展的方式。疾病的发展时间很长，而你的身体要到疾病最终就要获胜并且你感到不舒服时才会开始抵抗。我认为人工智能系统真正有意思的地方在于，它能够预判人体从健康走向疾病的过程。"

科尔斯顿和他在 HealthTell 的团队打赌说，测量免疫系统反应以及新陈代谢、蛋白质和基因组等其他担负人体管理职责的生物指标，是了解人体整体情况的最佳方式。

科尔斯顿告诉我："目前我们要等到真的生病了才会去

控制疾病，最终不是摆脱了疾病，就是让疾病进一步恶化。我们希望提前开发出更好的疗法或者对生活方式做出积极的改变。如果你可以开发出只需要10美元或15美元的廉价的、可扩展的诊断方法，而且病人可以自己定期进行诊断，那么你可以将这些诊断方法输入人工智能系统中，使其可以预测身体状态的变化。”

他认为这一知识将使病人在患病前做出改变。与许多现代疾病一样，提前介入能够更有效地治疗自身免疫系统疾病。科尔斯顿所说的系统可能还需要10多年才会出现，但我们已经在IBM的“沃森”中看到了该系统的初始形态：使用人工智能增强诊断。一个系统若想充分利用科尔斯顿的技术，必须清除一大障碍，那就是缺少数据。人工智能在无人驾驶汽车等领域正常运行，是因为汽车上下及其周边环境中遍布各种嵌入式传感器，它们同时进行数千次实时测量，但我们无法在人体中部署足够的数据点以预测未来将要发生的事情，也没有得到足够明确的结果来训练人工智能系统。HealthTell是科尔斯顿的技术准备应用的地方，它所面临的挑战首先就是开发测量系统。正如我们在深度学习算法中所看到的，当我们拥有足够的数据时，即从规模足够庞大的人群中获得了充足的长期测量结果时，我们就能获得足够的数据深度与广度，使机器学习实现精确诊断。

在科尔斯顿看来，未来的人工智能并不意味着完全使用计算机代替医生，它只是一种用更多知识增强人类智能的方式。

科尔斯顿表示："配备了这种更智能的传感器和治疗技术的人工智能可以提供长期的纵向数据，便于内科医生做出更准确的诊断。医生可以更好地确定病人何时应该接受治疗。我们现在对各种疾病的诊断方式仍十分笼统，医生希望能够获得更多此类信息。"

科尔斯顿认为，将先进的人工智能系统应用于诊断是改变这一趋势的一种可行的方法。它可以从根本上提升效率，使初级护理医生能够将更多时间用在与病人的交流上，因为人工智能系统可以帮助他们解释更加复杂的数据，并将这些数据与有类似症状的其他病人进行比较。

当然，与许多其他领域一样，利用人工智能提升专业医生的能力也引发了社会的焦虑。有人担心医疗行业的人性的一面，即人与人之间的关心、护理和治愈，将被毫无感情的技术解决方案所取代。科尔斯顿在劳伦斯利弗莫尔国家实验室（也就是洛斯阿拉莫斯国家实验室的竞争对手）做了 20 年的研究员，致力于开发对抗生化恐怖主义的技术。根据他在新型反恐技术方面的经验，他认为这些担忧中存在误区。

科尔斯顿告诉我："技术从来都不是邪恶的。"他提到近期一项唐氏综合征产前检测方面的技术突破，这种技术可以取代原先的羊膜穿刺术检查法。"这一技术出现后，人们通过一滴血就能测出唐氏综合征，而不再需要将针头刺入羊膜腔。许多人表示这不是什么好事，因为它迫使父母在孩子出生前就做出道德决定，但我们在此之前就一直在进行这方面检测，而且是用一种可能伤害到胎儿和孕妇的侵入式方法。有了新的检测方法，我们就可以通过一种更安全的方法获得这些信息。"

科尔斯顿总结道："获得更多信息不可能是一件坏事，真正决定好坏的是我们选择如何使用这些重要的知识。"

人工智能作为人类生活的解码器

HealthTell 所做的这种基因测序和诊断创新将人工智能转换成了一种人类的生物学解码器，其中最典型的例子就是近期基因编辑技术的发展，比如 CRISPR–Cas9 的使用等。这项技术使科学家能够将经过修改的蛋白质注射到人体内，从而像一把剪刀一样剪切基因并将其重组。2016 年 10 月 28 日，四川大学的研究人员提取了人类免疫细胞，并且使用 CRISPR 技术对它们进行编辑。[7] 他们成功地去除了让身体攻击健康细胞的基因。通过在肺癌病人体内剪切这种基因并将其重新导入细胞，研究人员希望经过修改的细胞能减少癌细胞和攻击行为。

CRISPR 的每一个字母分别代表着“成簇的、规律间隔的、短回文、重复序列”，它以细菌细胞可以识别入侵病毒并将其剪切到 DNA 中这一发现为基础。后来，科学家使用这项 10 年前发现的技术来编辑远比细菌复杂的 DNA 序列。现在，中国科学家的研究成果让我们开始能编辑我们自己的 DNA。

这只是人类机能增强的开始。当我们把人工智能与神经网络相结合时，就可以使用机器学习来解释信号，用无线设备代替大脑与我们四肢和肌肉之间的连接。在 2016 年 11 月的神经系统科学学会年会上，科学家宣布患有闭锁综合征的女性可以仅依靠自己的意念，移动计算机界面上的光标。[8]

闭锁综合征是一种患者身体完全瘫痪但精神敏度未受影响的病症。1997 年的《潜水钟与蝴蝶》（*The Diving Bell and the Butterfly*）一书中描述了这一病症，该书于 2007 年被朱利安·施纳（Julian Schnabel）拍成电影并且获得多个奖项。这个由记者兼时装总监让–多米尼克·鲍比（Jean–Dominique Bauby）撰写的故事详细讲述了他与闭锁综合征的斗争，还描述了他如何在只有左眼能动的情况下写出一本书。这一计算机和光标方面的最新发明在眨眼活动和人类动作信息转换之外开辟了一条新路。上文提到的那位女性，我们只知道她叫 HB，她在颅骨下植入了电极。虽然电极没有穿过脑组织，但能够与 HB 的大脑进行足够的接触，从而精确地反映她的脑波活动。外科医生将她颅骨下的电极与一个她胸腔内的装置连接，而该装置与一台平板电脑无线连接。

机器学习算法负责最终区分 HB 的 β 脑波和 γ 脑波，

并且学会了哪种脑活动与捏手指等微小动作有关。在这些算法的帮助下，HB 不久就能仅靠意念移动平板电脑上的光标了。当研究人员将一个大型字母表放在 HB 的平板电脑屏幕上时，她就可以想象着点击鼠标和选择字母的感觉来输入了。机器学习能够识别她的意图并且在屏幕上记录她的选择。HB 能够以每分钟一到两个字母的速度慢慢地与世界沟通了，她不再是一个“被锁住的人”。

● ○ ○

无论我们是将机器学习用于抵御未知疾病的暴虐，还是用于修改我们 DNA 的基因编辑技术，或是通过神经信号和机器学习将病人从闭锁综合征中解放，都必须在未来 10 年使用人工智能进一步增强医疗和医药行业。目前关于这方面的争议很多，包括对设计婴儿的恐惧、超人类物种的风险或神经装置被入侵所产生的意外后果等，而道德讨论也是我们必需的。尽管如此，当我们在讨论是否需要发展人工智能时，就已经将我们的社会带入了一个错误的选择。科学技术的发展无法避免，思想的进步无法被控制，一个突破必将引发另一个突破。

正如比尔 · 科尔斯顿所说："你不能因为担心某项技术的具体用途而减缓其发展的速度。无论怎样，它最终总会出现，因为总有人会在其他地方把它发明出来。所以更好的办法是控制它、驾驭它并且尽早加以应用。科学技术本身无善恶之分。"

正如我们将在下一章所看到的那样，科尔斯顿对医疗行业创新的观点也适用于网络安全行业。20 世纪的工具根本不可能解决 21 世纪的挑战。我们根本没有选择，我们必须使用人工智能，才能以此对抗人工智能。

03. 网络时代的安全

1945 年 5 月 2 日，就在 5 月 7 日德国投降的前几天，美国军队从南巴伐利亚向奥地利边境进军。突然，一名年轻人骑着自行车接近了沿这条路行军的反坦克部队。他告诉士兵们，一群隶属于著名的德国 V–2 部队[9]的科学家躲在附近的一家旅馆中，并且准备正式投降，其中包括赫赫有名的沃纳·冯·布劳恩（Wernher von Braun）和其他几十名资深火箭科学专家。他们最终被带到美国，并为 20 世纪中期和末期的“太空竞赛”做出了卓越贡献。美国不但要考虑如何将这些杰出人才，或“人力资本”，带回国内，同时又要避免暴露他们与纳粹党的关系，他们还必须搜查位于特尔维克开发 V–2 火箭的巨大隧道和特尔维克工厂。如果他们希望从那里的工程知识中获益，就必须拆卸、打包和搬运大量 V–2 部件，这样才能在美国进行复制。

美国建立了一支专项工作小组。该小组名为 V–2 特殊任务组，其使命是装载和运输所有火箭部件。一列列拥有 40 节车厢的列车满载拆卸后的部件，连续 9 天昼夜不停地往返运输，将这些材料从特尔维克运到安特卫普。当最后几节列车于 5 月 31 日到达荷兰时，所有火箭部件被装入 16 艘自由轮上运往新奥尔良。在这些船上，十几枚被拆卸的 V–2 火箭的零部件上均带有纳粹的标识，这是美国国家航空航天局（NASA）和美国空间探索的第一批重要资产，同时也是工业时代最大的知识财产转移之一。

● ◌ ◌

我们都知道俄罗斯黑客在2016年11月美国大选中所扮演的角色，但当下的网络安全问题不仅出现在政坛，它们可以说是无处不在。许多黑客事件影响巨大，被全球媒体广泛报道，如塔吉特和家得宝的信用卡丑闻[10]、导致冰岛首相辞职的巴拿马文件泄露[11]、巴基斯坦谢里夫政府的垮台以及近期土耳其电网全国故障[12]等基础设施入侵，在网络时代维护安全成为21世纪最大的挑战之一。2016年9月，雅虎在其工作报告中指出，“美国支持的行动者”在2014年末至少盗取了5亿个用户账户。[13]不幸的是，不久之后“史上最大数据泄露”这一“成就”就从雅虎头上转移到其他公司、政府机构或国际组织身上了。

下一次，这种威胁可能就不光是盗取数据了。在2016年的拉斯韦加斯黑帽安全技术大会上，据汽车网络安全研究者查理·米勒（Charlie Miller）和克里斯·瓦拉塞克（Chris Valasek）透露，现在只需要使用笔记本电脑就能轻松入侵目前在道路上行驶的数十种车型。蓝牙、Wi-Fi、蜂窝网络和无钥匙启动等功能使汽车更容易遭受外部渗透。[14]

黑客可以设定程序，使汽车启动失灵或使行驶中的汽车失去动力，而最糟糕的是，一旦网络战争全面爆发，所有汽车都可以作为动能武器。

鉴于这些威胁，网络安全已不再局限于硬盘和磁盘上的数据。随着物联网的出现，现实世界将以我们无法理解的方式与数字化技术融合。每天我们都通过快速增加嵌入式传感器不断地使物品与网络建立连接。高德纳咨询公司曾经预测，2017年全球有84亿件物品联网，比2016年增加了31%。该公司的分析师预测，到2020年，这一数字将达到204亿。截至2017年末，我们在端点和服务上的总支出已接近2万亿美元。[15]

我们的领导者一直都知道这种连接所带来的危险。2015年，时任美国总统奥巴马就已认识到网络威胁的严重性。奥巴马将这种威胁称为“我们国家所面临的最严重的经济与国家安全挑战”。[16] 他要求国会拨款190亿美元专门用于网络安全行动。[17]

尽管人们的担心不断加剧，政府机构仍在处理即将到来的网络安全威胁方面捉襟见肘。安全风险分析公司SecurityScorecard认为，在抵御恶意软件感染和恶意攻击方面，美国联邦、州和地方政府排名倒数第一，落后于运输、零售和医疗等 17 个主要的私人行业。

2015 年 7 月，美国人事管理局的 210 多万份敏感数据被泄露，该事件充分证明了美国政府部门网络安全的脆弱性。[18]

作为开放性和分布式信息交换中心，美国和欧洲的研究型大学每周面临着数百万次的网络攻击。威斯康星大学麦迪逊分校的科研政策联席副主任比尔·梅伦（Bill Mellon）告诉《纽约时报》，该大学每天要遭到 9 万 ~10 万次黑客攻击，黑客的目的是渗透系统。[19]

21 世纪的 20 世纪解决方案

我们在当前的环境中能够做什么？想一想报道中发现的威胁的数量，一家研究机构每天遭受 10 万次系统渗透威胁，目前的网络安全需要的是把手指伸入大坝的荷兰小男孩①，但

① 把手指伸入大坝的荷兰小男孩，出自儿童作家玛丽·梅普斯·道奇（Mary Mapes Dodge）的著名短篇小说，这个小男孩在大洪水来临时把手指伸进大坝，从而拯救了整个村庄。——编者注

我们没法依靠这种孩子般的传奇英雄行为拯救自己。

我们所继承的安全行业，即产品架构以及组成文化的观念和比喻来自 40 多年前。当时的世界是由不联网的独立计算机和网络组成的，只有一小部分人懂得利用漏洞或有这方面的动机。在早期互联网时代开放与透明的精神下，编程人员和科学家还为整个互联网创建目录和档案。只有一小部分志同道合的、有着崇高理想的科学家才能使用最初的网络。

直到1982年才出现了第一个真正“肆虐”的病毒——Elk Cloner。[20] 这种病毒在 Apple II 计算机的软盘上传播，它能够控制计算机的操作系统。病毒造成了巨大的损失并且成为后来各种网络攻击的鼻祖。这种病毒中还包含了一首颇具幽默文学色彩的短诗：

它将进入你的磁盘，
它将渗透你的芯片，
这就是 Cloner！
它会像胶水一样粘着你，
它还会修改随机存储器，

发送 Cloner 吧！

在人们发现这些恶意软件和病毒后，网络安全逐步成为一个蓬勃发展的领域。几乎所有的早期杀毒产品都使用签名来识别病毒和威胁。这种基于签名的方法通过识别嵌入在文件中的线索探测恶意软件。线索可能是文件中的一系列字节或者密码散列（一种独特的指纹）。这种基于签名的检测在结构上被比喻成一面静态的墙：警卫会将所有“坏家伙”视为危险，因此它会把所有“坏家伙”挡在门外。与“二战”时期法国的马奇诺防线一样，这面墙的安全结构中有太多不切实际的设想。这面墙认为在用户成为目标前，有足够的时间发现和分析所有威胁，可以设计签名、开发补救方法并向用户推送安全更新。

在互联网时代早期，这种签名检测的解决方案似乎能有效应对网络安全威胁，但随着连接的增加，它们已变得几乎毫无用处。2016 年，据国际软件安全集团卡巴斯基实验室报告，其产品每天发现约 323 000 种新的恶意软件文件，而在 2011 年，这一数字仅为 70 000。[21]

签名检测的解决方案因方法过时而常常遭受严重的甚至是灾难性的攻击。比如 2013 年，黑客对《纽约时报》的网站进行了一次攻击。根据《纽约时报》雇用的数据漏洞应对公司 Mandiant 的报告，在三个月的时间里，杀毒软件只发现了被植入网站的 45 种病毒中的 1 种。[22]

这个问题涉及杀毒工具的整个架构。现代网络安全的有效性取决于其应对“零日攻击”的能力。“零日攻击”是指黑客集团利用开发人员和用户都不知道的漏洞发起的攻击。黑客通过在开发人员之前发现漏洞，使蠕虫或病毒控制被感染的计算机系统。这种攻击往往是在一段时间内出现的，这段时间被称为漏洞窗口期，通常持续约一天，如今，由于威胁数量的增加，“零日攻击”已变成“零月攻击”，这是因为漏洞窗口期变得越来越长，而杀毒工具很难跟上每天新病毒的出现速度。

目前似乎只有一种可行的解决方案：通过人工智能增强安全。2016 年，美国国防部高级研究计划局宣布举办网络安全挑战赛。[23] 这场比赛类似于该机构举办的其他大型挑战赛，比如制造可以绕过障碍物的机器人和无人驾驶汽车等，但这场比赛可能是该机构目前最复杂的、目标最远大的比赛。参赛者需要设计出具有自我保护功能的软件。有 7 个系统将在漏洞检测、修复或补丁方面进行角逐，说白了就是比自我诊断和治疗能力。这场比赛是一场攻防战：参赛者需要找到对手软件中的漏洞，同时保护自己免受可能的攻击。从根本上说，训练一个识别软件漏洞的系统需要创造力和批判性思维。因此，这在过去是人类研究者的工作，毕竟软件漏洞并不像一只猫的照片那样简单。算法可以识别大量数据中直观对象的模式，但它们可以在检测未知的恶意软件方面也做得同样出色吗？下面的故事将证明，这个问题的答案是肯定的。

WannaCry：加密病毒勒索

2017 年 5 月 12 日，100 多个国家的组织遭到了一次大范围的勒索软件攻击，其中包括英国的 16 家医院。[24] 一种名为 WannaCry 的勒索软件利用了未进行微软三月份安全补丁更新的 Windows 系统中的漏洞。[25]

WannaCry 勒索软件可以打乱医院计算机的数据，因此它对英国医疗系统造成了巨大的破坏。受感染的机构收到勒索消息，消息称每台计算机需要支付 300~600 美元后才能对文件解密，而英国的医院被迫拒绝一部分病人，只接受病情最危重的患者。

WannaCry 让数百家组织机构措手不及，但它并非完全无迹可寻。尖端人工智能反恶意软件解决方案在攻击发生的当天就捕捉到了这种病毒。全球这么多传统的安全系统都毫无防备，这个基于人工智能的安全解决方案是如何捕捉到这种新的威胁的呢？

正如我们之前所讨论的，使用人力发现安全漏洞并开发针对恶意软件的补丁，越来越像一场“打地鼠”游戏。针对 2014 年出现的 Shellshock 和 Heartbleed 病毒以及现在的 WannaCry 等新型全球性病毒威胁，人工智能可以提供更加可靠的解决方案。如今的安全和网络分析师正在设计能够嗅探非法活动的人工智能算法，这种人工智能就像是一群受过良好训练的猎犬。

我们需要了解这一过程，才能更好地解释人工智能如何改变着我们目前的网络安全策略。根据认知通道安排的人工智能算法现在已足够先进，可以极大地缩小潜在调查对象的范围，这就大大减少了人类安全分析师的工作量。最先进的网络安全系统使用的数据采集自“蜜罐系统”，该系统是专为引诱攻击者并主动捕捉安全威胁和黑客技术而设计的。然后，安全算法会调查请求的发出地点。攻击中所使用的数据或负载会透露其战术、技术和程序（TTP）以及此次试探是否成功。

这些认知通道还能结合算法与自然语言理解，因此它们可以将计算机日志文件证据转换为自然语言，就像人类调查员可能向搜索引擎提出的问题那样。通过自动生成此类问题，算法可以从网络上许许多多的网页中获得大量内容。机器学习算法可以在几分钟内读取太字节，即一万亿个字符，因此它能处理所有信息并将这些信息用于验证一个问题：该网页传输的是威胁还是善意的内容？

在算法自动查询了搜索引擎提供的大量文件后，自然语言理解就可以达成一个共识：这项基础研究或者表明存在威胁，或者确定一开始的可疑数据没有危害。

简而言之，狭义的人工智能和自然语言处理更接近于人类安全研究人员的推理，但机器学习在处理信息时的速度要快得多，因此它几乎可以在瞬间识别大量数据中的复杂模式。有人工智能技术支持的安全系统，可以在病毒被正式公布甚至被命名前就标记出病毒。先进的威胁检测软件可以使用演绎推理，甚至归纳推理。这些创新所产生的结果就是人工智能让我们能够无须事先定义签名就能处理威胁，并且在它们处于“野生”状态时及时探测，从而避免对开放的互联网造成严重破坏。

像 WannaCry 这样的病毒不但会使网络系统瘫痪，而且还能入侵用于急救的医疗机器，因此全球对先进保护措施的需求变得越来越迫切。事实上，医疗行业如今已成为面临网络攻击威胁最严重的行业之一。[26] 跨国犯罪组织将医院和医疗服务提供者视为具有极高价值的目标，并系统性地开发和散布入侵医疗记录的勒索软件，因为医疗记录数据比信用卡数据的价值高出 10 倍甚至 20 倍。现代医院中布满了传感器和监视器，每张病床平均有 10~15 台设备，仅在美国就有近 90 万张病床。再加上几乎没有任何网络安全保护的个人医疗设备，每家医院的生态系统都存在无数被威胁和利用的风险。

就像 WannaCry 一样，如果一种病毒未被发现，黑客控制了整个系统，那么他们就能进行勒索，要求对方支付加密货币或者像比特币这样的虚拟货币。如果他们没有收到付款，就会在暗网（地下网络）上将盗取的数据出售给出价最高者。时间就是生命，在整个系统被控制后，医院病人可能无法获得维持生命的关键设备和资源。

当发生 WannaCry 攻击时，一位名为“MalwareTech”的安全分析师发现了杀死这种病毒的方法：一种可以阻止病毒感染更多系统的编程解决方案。微软也发布了紧急补丁以防止其他设备被传染，但那些使用最精密的人工智能算法的网络，在这些措施出现前就可以抵御 WannaCry 的攻击。配备了人工智能技术支持的安全解决方案在侦测到潜在威胁后，会向用户和管理员发出警告并隔离病毒，从而避免急救设备出现系统瘫痪。人工智能不仅能够给医疗行业带来经济和安全方面的优势，它还能够拯救生命！

认知通道

现在让我们来更详细地了解，面对网络威胁，人工智能将采取何种战术和技术加以应对。目前，网络安全工具主要依靠人工，即采用简单的静态方式检测异常。如果我们将此类工具比作业余的股票交易网站，那么认知计算解决方案就相当于"奥马哈先知"沃伦·巴菲特（Warren Buffett）。这种算法有何过人之处，能与全球最聪明的投资家之一相提并论？下面我将做出解释。

网站上提供的在线股票交易大多由非专业交易商经营，它们的交易主要基于基本的数据统计分析：先看看与公司财务健康或业绩相关的几个变量，再看看竞争对手，然后可能再进行一些比较，最后进行技术分析，比如绘制移动平均数或类似的统计函数图等。总而言之，这个过程是进行不复杂的技术交易的基础。

现在看看巴菲特。巴菲特不会采用这种纯粹的统计方法。他根据多年来的经验总结出一套理论，确定了评估一家公司或预测公司未来是否能够成功时需要重点关注的方面。他从未公开这个“模型”的细节，这可能是因为这个“模型”无法被编码。毕竟在评估公司方面，巴菲特本人就是一个会走会说话的“算法”，他所积累的知识经过提炼和调整，已从一种专业技术知识变成了一门艺术。巴菲特曾表示，除了许多其他需要考虑的因素之外，他把大量的时间用在评估公司当前的管理团队上，并将这一项作为预测成功的重要指标。他的许多指标在我们看来可能是主观的。我们之所以这么认为，是因为它们可能是大量无法独立发生的细节的组合，比如不经意的紧张颤抖、不自觉的翻白眼、紧紧握手、大笑等。为了建立像巴菲特“模型”那样的高性能模型，我们也需要对这些细节保持敏感。我们需要收集各种看似主观、实则相关的信息，包括结构化和非结构化的数据，用于预测和建模过程。因此，数据和统计仅仅是我们的工具之一，而不是一切。

巴菲特是一位顶尖的认知模型建立者，他可以教会我们很多东西。这就是认知安全技术与目前所使用的传统技术的不同之处。认知安全技术具备详细的观察能力，可以发现不同的毫不相关的怪异和异常之间的联系。这种技术还必须可以扩展，能够获得大型机械数据以及供人类使用的非结构化自由形式的数据信息。除了自律和适应能力之外，它还必须具备自我治愈功能。认知安全技术的设计灵感来自我们的免疫系统，它可以保证一旦发现病毒，就阻止病毒的传播，预防病毒的大规模出现。

沃伦·巴菲特一生积累了大量的模式识别经验。他对这种主观的情景信息越是习惯，他的错误就越少，而认知安全算法亦如此。本质上，这种认知通道采用的是一种科学方法：提出假设并进行验证。文学作品中侦探的代表夏洛克·福尔摩斯（Sherlock Holmes）也是这样。比如在一开始，福尔摩斯没有假设基础来指导他的观察。然后，第一个证据引起了他的注意，第二个证据让他找到了目标，第三个证据变成了三个数据点。现在，他就可以对这一趋势进行进一步的调查。这就是框架。他的所有行动都是要填满这个框架。比如，“我认为泰德用音乐教室里的烛台谋杀了玛丽”，“玛丽是被谋杀的，但我目前还不知道凶手是谁或犯罪手法是什么”。

使用多种机器学习算法的认知通道也能做到这一点。算法的调查包括所有以下问题：这是一个向我提出的善意的请求，还是有人在寻找我的站点的安全漏洞？这是一名终端用户还是一个伪装成终端用户却试图入侵我的数据库的人？通过使用结构化和非结构化的数据，即上文中所说的沃伦·巴菲特用于发挥自己最大优势的主观和情景信息，该算法能够提出假设：我认为这是一个恶意软件。接着，算法会进一步研究："读取"页面并且更深入地搜索日志、网络活动或其他与该假设相关的证据。之后，认知通道能够对最初的假设是否正确做出判断，比如：对，它是一种恶意软件；或者确认情况并非如此，无须进行进一步的研究。

科学作家玛丽亚·康尼科娃（Maria Konnikova）在她的《福尔摩斯思考术》（*Mastermind: How to Think Like Sherlock Holmes*）① 一书中概括了福尔摩斯的思考过程。[27] 在该书中，她分析了在模式认知过程中，人与自身直觉之间的矛盾关系。

> 我们的直觉来自情景，而情景则由我们所在的世界决定。因此，直觉可能会成为一种障眼法，或某种盲

① 玛丽亚·康尼科娃的《福尔摩斯思考术》一书简体中文版已由中信出版社于2015年1月出版。——编者注

点……但我们可以通过专注的思考找到事实之间的平衡，检查我们的直觉并保持开放的思维。然后，我们可以通过所掌握的信息，在了解到时间可能会改变信息的形状和颜色的情况下，做出最佳的判断。

然而，机器学习在得出结论时不会有这样的困境。根据我的经验，人工智能得出的结论或提出的行动建议通常不是直觉行为。如果它们出于直觉得出结论或提出建议，那么人工智能就好比是速度更快的人类研究者，但实际上其内容远比这些更丰富。

我将经常在本书中提到这个观点。作为人类智力的基础，直觉是一种我们可以用于碰运气的方便的思想工具。对于复杂的问题，人类的实用功能，也就是人类针对一个目标的诸多选项进行评估的方式，完全不如人工智能。本章第 5 节中金融市场的例子将会充分说明这一点。即便是“房间里最聪明的人”也无法像人工智能一样发现数据中违反直觉的模式。

在继续讨论前，我需要与大家分享一个我在写到这部分时所发生的又一起勒索软件事件。这种危险的新型加密病毒勒索是完全隐身的，它们破坏着我们的全球网络体系并让我们对人工智能网络安全解决方案的需求变得更加迫切。

Adylkuzz：暗网的破坏力

当网络安全行业正在努力修复 WannaCry 所造成的破坏时，一种更加隐秘的病毒已经开始攻击系统并在暗网中得到了回报。2017 年春，黑客集团影子掮客（Shadow Brokers）公布了大量微软系统漏洞。虽然微软很快发布了修复补丁，但全球的许多网络系统依然存在漏洞。Adylkuzz 病毒[28]开始利用这些漏洞，特别是利用美国国家安全局（NSA）已泄露的“永恒之蓝”攻击程序漏洞[29]。Adylkuzz 的传播速度不如 WannaCry 那么迅速，但它可以产生更加严重的后果，它会安装隐藏的“挖矿者病毒”，而不是加密信息。“挖矿者病毒”会生成一种名叫门罗币的加密货币。Adylkuzz 不仅会减慢计算机系统的速度或者进行勒索，而且会劫持计算机，使它产生用于网络犯罪的货币。它所挖掘的加密货币与比特币相似，但更加隐蔽，因此是贩毒、盗取信用卡和销售假冒伪劣产品的地下网站的首选。Adylkuzz 在系统中偷偷挖掘门罗币的时间越长，网络攻击者获得的金钱就越多。

我们需要先进的认知型反恶意软件程序拦截此类威胁。人工智能安全系统通过使用经过数百万恶意文件训练的机器学习算法，可以在隐藏的“挖矿者病毒”造成巨大损失前发现这种蠕虫病毒。

网络安全专家认为，最先进的人工智能解决方案早在 2017 年 4 月 24 日就已经发现了 Adylkuzz 的存在，这比宣布 WannaCry 还早了几天。最先进的机器学习可以在几秒钟内使 Adylkuzz 变得无效，而这一切在人类分析师还没有介入之前就已经发生了。

第三个抵消战略

当然，军方已经可以熟练地应对这些安全问题了。2015 年 1 月，美国国防部副部长罗伯特·沃克（Robert Work）提出了第三个抵消战略，描述了美国目前的国家安全情况。[30] 第一个抵消是核武器，或者说使用大规模武力消灭敌人的攻击机会。第二个抵消出现在核武器过多，从而变成零和博弈的格局时。当时，美国国防部转向以少量火力精确打击敌人的战略。第二个抵消战略的顶峰就是海湾战争，但不可避免的是，邪恶势力和许多反对美国的国家已拥有此类小型智能武器，并且威力接近美国的“战斧”，一种远程全天候亚声速巡航导弹。沃克认为我们已经来到了第三个抵消阶段：通过快速整合和大规模应用人工智能建立国防技术优势。这需要在所有层面实现自治，使人类不再参与大部分决策－行动循环。

沃克在白宫会议上表示：“在20世纪50年代和70年代，军事优势一般来自军事实验室，但现在，优势来自机器人。自主操作指导和控制系统、可视化、生物技术、微缩化、先进的计算和大数据以及叠加制造（如3D打印），所有这些技术的发展都是由企业带动的。”

在第三个抵消时代，印度和伊朗等国家正在努力成为其所在地区的领导者。它们知道自己的海军无法与美国传统的航母舰队相匹敌，所以使用不对称的蜂群战术。中国则大力投资基于人工智能的巡航导弹。

美国也继续回应。2016 年秋，由美国国防部高级研究计划局资助的一个项目在快速飞行的 F/A–18 喷气式飞机上部署了 100 多架小型无人机。[31] 这些喷气式飞机飞到靠近目标的地点后放出了 Perdix 无人机。随后，无人机使用自主算法聚集在目标区域。这些实验无人机可以执行监视、排除实际威胁等多种任务。以集中式命令和控制为核心的旧战争模式，现已逐步被新的人工智能战争模式所取代。除此之外，决策–行动循环，也就是 OODA 循环（观察、定向、决定、行动循环）与人类智能的关联性越来越小。冲突紧迫性的加剧催生了对新型自主决策机制的需求。我们将在下一节“战争与人工智能”中详细探讨人工智能在战场上互相对抗的未来战争。

04. 战争与人工智能

请与我一起回顾最初发表在美国海军学院期刊《报告》（*Proceedings*）上的一个思想实验，该实验由我的朋友兼合作伙伴、四星上将、美国中央司令部前副司令、现服役于美国海军陆战队的约翰·艾伦将军（John Allen）设计。[32]

2018 年 1 月 2 日，一位船长在遭受一次突然袭击后正在评估船的受损情况，他发现这并不是一次普通的攻击，而是一次大规模战略性突然袭击。船长和船员没有预料到此次攻击，因为他们都没有发现船的系统遭到了网络攻击。这次未被发现的网络活动不仅破坏了传感器，而且还“锁住”了防御系统，使船孤立无援。随着一群无人机对船发起攻击，动力学打击一波接一波袭来。船被一套有行动目的且能够与船发生交互的自主系统攻击了。

不仅如此，此次攻击的速度也令水手感到震惊。虽然船上的技术专家能够在网络入侵时启动部分防御系统，但剩下的船员只有几秒钟时间做出决定。几秒钟后，一些水手凭借有限的态势感知设备，查明敌人的自主网络和运动系统正在合作，但就在几分钟后，整个攻击结束了。

船长得以幸免，并且勇敢地留在了舰桥，但他与许多船员都身受重伤。火势失去了控制，船已经开始严重漏水。由于系统被损坏，船长无法联系到受伤的损害控制助理。部分敌方自主攻击平台似乎完全了解应该攻击船的什么部位，才能造成最大破坏并且降低存活率。船长的指挥能力严重下降，水的漫延也已失去控制。

在对整个情况进行调查后，他意识到自己必须做出一个几代美国船长从未做出过的决定：弃船。

战争方式的改变

在历史长河中，人类的战争方式已经历了数次根本性的转变，比如骑兵的运用、线膛步枪的出现、装甲车加空中支援以及第二次世界大战中闪电战执行过程中的实时无线电通信等。不同领域的技术进步共同实现了这些巨大的转变，而今天我们又处在这一转变的交汇处。正如伊拉克军队苦于应对智能精确制导武器、隐形技术和电子战等“第二个抵消”技术一样，如今的军队必须面对已发生巨大改变的战争。

我们可以在今天的战争中看到这些变革的基本轮廓。计算机视觉等技术得到了机器学习算法的辅助，包括深度学习、人工智能自主决策、先进的传感器、部署在“边缘”的微型高性能计算能力、高速网络、进攻和防御网络能力以及其他各种人工智能能力。自主群行和传感器数据认知分析等技术的实现将成为这一新革命的核心。所有这些能力的聚集将带来一个令人难以置信的结果：人类在战争中的作用最小化。在这一即将到来的时代，我们将看到人类提供广泛的、高级别的输入，而机器将被用于规划、执行和适应任务，并在没有其他输入的情况下做出数千个独立决定。人类最终可能会从决策循环中退出。

超级战争

艾伦将军是第一个将这种人工智能推动的、机器发动的冲突称为超级战争的人。在第二次世界大战期间，这个词指的是包含多个战区的全球性战争，但如今，这种新型超级战争的独特之处在于其史无前例的速度，而正是自动化决策加上多个行动同时发生使这种速度得以实现。随着人工智能和机器认知技术的应用，该过程将进一步提升效率。

因此，在描述未来战争时，将军们会使用“超级”这个词。在希腊语中，这个词的意思是“超越”或“在……之上”。超级战争指的是一种新型战争，此类战争在一些非常重要的方面超越了我们之前所看到过的战争形式。在军事领域，超级战争可以被重新定义为一种人类决策几乎完全脱离 OODA 循环的冲突。因此，与整个 OODA 循环相关的时间被缩短到几乎为零。

OODA 循环

直到 21 世纪，战争行动的决策才开始不完全取决于人类的认知。虽然人类有巨大的决策潜力，但在速度、注意力和勤勉度上有所限制。正如我们之前所述，人类的决策速度存在极限，而且在做出重大决策时，“认知负担”不可避免。在做出一定次数的决策后，人类决策者需要休息和调整，才能恢复到更高的认知水平。心理学家丹尼尔·卡尼曼（Daniel Kahneman）发表了与法官有关的这一现象的研究报告，报告表明，单一因素，比如缺少葡萄糖等，可能使人类无法正确做出裁决。疲惫的大脑会变慢，甚至停止分析思考，退回到依靠直觉的“快速思考”阶段，从而可能犯错。[33] 正如我们之前所讨论的，机器没有这些限制。机器智能的形式类似于软件，它可以经常在廉价的硬件上运行，并可以轻松复制，因此它可以实现无限次的战术、行动和战略决策部署。

人工智能让“大卫”能够杀死“巨人”

“压制敌人”是我们在战争题材的文学作品中经常见到的一个短语。在军事领域，这个短语指的是在一段时间内将兵力集中在一个有限的区域，凭借人数优势或火力优势使对手无法反击或抵抗。这不一定是因为攻击力量比整个防御力量更强大，但肯定是因为其兵力在合适的时间出现在合适的地点。这将带来非常重要的区别。如果可以快速“完美协调”较少的兵力，并将兵力应用于一个敌人无法加固的精确地点，那么即便用较少的兵力也能够取得成功。如果此类行动可以复制，那么对方的大部队会被有效地蚕食，并且对方会在心理上遭受打击。兵力多的一方将无法占据优势，并且持续的时间越长，其兵力就会越快地减少。这就是“大卫与巨人”战争模型。

这个问题中的两个关键变量是时间和空间，即形成和执行攻击行动所需的时间，以及执行此类行为的空间。这两种变量都是根据重大战略、行动和战术决策计算出的结果。首先要确认部署兵力的合适候选空间，选定后要计算一大批可能性，这在军事中被称为“分支”和“后续”。通过基于机器的决策，我们可以同时协调调动大量传感器和狙击手，从而快速形成或聚集兵力，并对敌人进行攻击和后续的驱逐。这种基于机器的决策是超级战争的主要推动力，其效果远远超过了人类的控制和指挥效果。

● ○ ○

俗话说：“业余人士讨论的是战术，专业人士讨论的是物资输送。”这句话为我们理解所有战争的运作方式提供了有用的指导。自古以来，发动战争所需的人类军队都需要食物、衣服和保护。人类士兵的各种需求就产生了各种物资方面的要求。部队保护、医疗撤离和宪兵队更是让原本就复杂的供应链雪上加霜。相对粗俗地讲，一个士兵＝人类智能 + 移动 + 火力。现代军队当然不再使用人类的肌肉作为火力，而大多数情况下，部队转移过程中也不会用到人类的肌肉。机器人士兵将具备这些功能，并拥有各种形状和大小的体形。它们的需求不像人类士兵那么丰富，它们也不像人类士兵那样不能被抛弃。在几乎所有情况下，人类指挥官都不会愿意冒着生命危险去战场上回收机器，这项危险的任务可能会葬送他的性命。

如今，大部分无人机都需要人类操控，只是人类飞行员不再需要登上飞机，他们可以在远程做出决策。这虽然实用，但仍有许多缺点。第一，由于会出现延迟，如今的无人机可能只能执行部分类型的任务，很难执行高速空对空战斗。第二，该系统依然容易发生拥堵并让无人机失去联络。最后，人类飞行员可能难以承受真实战争所带来的压力。无人机飞行员频繁地执行任务导致创伤后应激障碍（PTSD），这已经成为当前模式的一大弊端。

真正具有自主能力的机器和机器人具有各种不同的类型和尺寸，并且搭载了人工智能，它们将成为未来超级战争中的士兵。它们像商业四轴飞行器一般大小，并且能够穿越森林和旷野，还可以快速聚集、行动和隐藏。它们将配备精密的传感器，为群体作战和在集合地点时的视觉和决策算法提供信息。除此之外，它们还配备了各种网络和动力负载。大部分此类系统都可以通过群集算法协调，使“一个集体”能够完成任务并使无人机能够提供支援且根据损失情况进行调整。

人工智能的技能与训练

“二战”时期的德国陆军元帅、“沙漠之狐”埃尔温·隆美尔（Erwin Rommel）曾说过：“一流的训练是军人所能得到的最好的福利。”没有训练，就没有胜利。先进的军事训练能帮助创建战争中所必需的专业角色。面对人工智能技术及其带来的超级战争，我们的训练方式将出现两种突破性的变化。第一，基于自然语言等人工智能技术的对话系统，将能够消化几十万页的手册、指南、研究等资料。在设备维护等非战斗领域增强人类操作员的能力。第二，当使用完全自主的系统时，系统之间可以轻松复制人工智能战术和战略。这相当于经验最丰富的老兵向从未参加过战斗的士兵实时传达经验和知识。另外，它们还可以快速更换技能和专业领域。一个自主飞行平台既可以在压制敌人对空防御体系时成为专业飞行员，又可以快速更换神经网络控制器，从而成为全球最厉害的制空权夺取专家。另外，如果一个专家级的人工智能飞行员需要牺牲自己才能完成任务目标，那就尽管让它去做。除了硬件之外，没有任何损失。毕竟人工智能的“模式”，也就是这名“飞行员”的“大脑”，可以被轻松地复制到另一个硬件上。

人工智能系统既可以在现实世界中接受训练，也可以使用模拟器进行训练。AlphaGo在历史悠久的围棋中击败多位人类围棋大师，它所使用的强化学习也被用于制造更好的无人驾驶汽车。无人驾驶汽车不需要经历每一名人类驾驶员必须经历的痛苦学习过程。搭载高性能神经网络的汽车或者模拟汽车可以将其经验和学习成果发送给所有其他汽车。这种快速的“转移式学习”将在未来的超级战争中成为另一种通过人工智能实现的无可匹敌的能力。

一个新的、更好的思维实验

由于即将到来的超级战争时代将出现的这些技术进步，艾伦将军设计了另一种思维实验帮助我们预测未来。想象一下，如果现在是2028年5月28日，新型战舰的人工智能网络防御系统刚刚探测到疑似的网络入侵，甚至可能是网络攻击。这种入侵无处不在，它不但可以“锁住”战舰的传感器和大部分防御系统，还可以“锁住”战舰的反蜂群炮台和支援系统。最初的网络攻击和成功的防御在不超过一秒钟的时间里就完成了。防御系统完全执行了其设计功能，因此战舰能够“感应”、探测到即将发生的大规模复杂集群攻击，即动态跟踪隐形攻击。该系统甚至可以将威胁信息发送给舰队中的其他船只，使它们能够更充分地准备保护自己。

新任舰长以及指挥所其他船员从舰桥快速移动到主甲板，他们都头戴增强现实头盔和船员手套，这些设备能帮助他们掌握将要面对的总体情况，并针对复杂形势做出反应。舰长首先想到的是武器的状态。他只有几秒钟时间，因为一些发起攻击的飞行器可以达到超声速甚至极超声速（声音速度的5

倍）。由于威胁等级的提高，舰长已获得高度的自治权以应对任何潜在的攻击者。他很快通过头盔转到“武器状态视图”，这里不断提供来自战舰火力控制系统的瞄准信息，一切就绪。舰长必须采取行动，因此他转到了“状态视图”。他通过手势进入虚拟现实中，然后启动视图并在那一刻做出了超级战争中仍取决于人类的一个决定：他“决定”开火。现在，在得到开火命令后，战舰武器系统中的所有武器都转向了战舰外的天空。空中布满了各种完全自主的飞行器。其中一些战舰武器快速奔向攻击方向，将敌人的蜂群攻击阻挡在战舰之外；另一些则待在战舰的周围组成最后一道防线。战舰上没有一名美国海军军人看到过战舰火力全开时的情景。当所有武器朝空中开火时，整艘战舰战栗、震动，发出史无前例的巨大声响。这一刻所具有的革命性意义就如同1862年汉普顿锚地海战时，北军和南军海军用铁甲舰永远改变了战争，或者如同其后近100年“二战”中的早期航母战争——舰队行动第一次发生在视野范围之外。

● ○ ○

让我们回到这艘战舰上。舰长将头盔转移到“目标视图”并观察眼前的情况。他在模拟器训练时一直对此类工具持有一点怀疑，但现在他所看到的现实超出了他的想象。完全自主的空战系统之间展开了生死之战：蓝色轨迹代表己方系统，红色轨迹代表的是敌人。随着战斗的开始，一个个红色和蓝色标记在几秒钟内以惊人的速度熄灭，这表示它们已经被摧毁，比如发生碰撞或者近距离爆炸等。战局以极快的速度朝他的战舰倾斜。武器官以迅雷不及掩耳之势通过他的头盔朝战舰的人工智能发出命令，各种近战武器系统万箭齐发，其中也包括对抗敌方蜂群攻击的自动武器系统。

第一波短兵相接震耳欲聋。敌人蜂群中的一些飞行器在战舰上空爆炸，摧毁了战舰的多根天线。这些飞行器显然是在寻找特定的天线以降低船的通信能力。第二波攻击炸毁了战舰的主要防御武器——20 毫米方阵格林炮。第三波攻击贴近海面，造成大量船员伤亡，船体也开始进水，并燃起熊熊大火。而战舰周围激战正酣，动态捕捉系统自动调整武器系

统，不停地开火，而在战舰内，紧急损害控制和医疗救援措施均已启动。

舰长快速切换到“损害控制视图”并查看人工智能损害仪表盘，而战舰的系统正在灭火和控制进水。凭借先进的人工智能系统，他能够立刻看到战舰的哪些系统已下线，哪些系统正在重启恢复，哪些系统正通过交叉连接恢复功能和能力。战舰的系统自动分配动力负荷，并启动紧急系统。现在，系统可以在几秒钟内做出损害控制决策，而在几年前则需要好几分钟，那样会使情况变得更加危险。

最后，舰长转到他所担心的视图：“船员状态”。舰上的每名成员都穿着可以测量体温、心率、血压和呼吸的无线“健康状态系带”，因此他可以马上看到船员的整体状态以及各位水手的状态仪表盘。他在这里停了几分钟，为伤亡的船员默哀。他快速浏览了船员情况子视图，看到死亡者和受伤者，他清楚哪些军官已经倒下，并开始思考如何重新建立指挥链。这些军官和水手都是他宝贵的家人。通过该视图，他可以了解每一名船员目前的位置。他还可以看到医疗人员正在紧张地施救，他们也配备了同样的监控系统，可以了解伤亡情况，了解目前伤者正在接受何种急救措施，以及整艘战舰上阵亡和受伤士兵的具体位置，便于前往实施手术。

● ○ ○

数小时后，舰长的伤口得到了处理，火被扑灭，进水情况也得到了控制。他开始反思刚才所发生的一切。他对现实感到震惊，但没有感到恐惧。这次攻击令人猝不及防。网络防御系统已经探测到第一次网络入侵，它不仅保护了战舰，而且推断出此次攻击之后更是大规模的攻击。系统向战舰的指挥者发出警告，提醒他们之后可能发生的情况。这种假设在一秒内形成、分析并得到验证。在 10 秒内，战舰自动启动了战斗部署，舰长已戴上增强现实装备。从那一刻起到战斗的爆发也就两三分钟时间。武器系统的自主性和战舰的防御系统阻止了一次复杂的网络和自主蜂群联合攻击。舰长意识到，如果几乎每一个环节都需要人类采取行动和做出决策，那么这艘战舰的境遇可能要比现在危险得多。他刚刚体会到了人工智能与深度学习影响下的战争，其发展的速度是多么不可思议。他突然意识到自己是第一个在超级战争中战斗过的美国指挥官，但他绝不会是最后一个。

一场军事革命

这种情况仅仅是人工智能推动下的一次战争革命的多种方式之一。高机动性平台结合分布式机器智能，给军事行动带来了前所未有的速度和规模。人工智能技术的进步能够从根本上改变人类的境遇，并由此深刻改变人类的战争。

势均力敌的对手已经开始大力投资这些技术，甚至已经开始部署一些人工智能武器系统，如巡航导弹等。现在，自主算法有能力将危害性一般的武器系统变成无法被忽视的威胁。

正如我们的思维实验所证明的那样，开战后，战术方面的速度将大大加快，决策–行动循环的时间将被缩短到一秒内，自主决策–行动能力更强大的一方将具备巨大优势。在运行层面，指挥官能够通过人工智能算法更快速地感知、看见和干扰敌人的阵型。由此而来的结果就是，大批量复杂的、自主的武器系统应运而生，它们可以在运行深度内，同时对敌人展开攻击。

在战略层面，得到这种能力支持的指挥官将通过整个战局中的传感器看到战略环境。智能助理、高级互动虚拟化、虚拟现实技术以及能够快速更新地图投影的实时显示等人工智能辅助技术共同作用，将实时态势感知变为现实。

这些都再度引发了我们对战争本质的老生常谈式讨论。如果我们已经处在超级战争的边缘，就必须探索适应这种新冲突环境的方法，尤其是在道德层面。完全自主的机器（整个动作范围，包括致命反应都完全自主的机器）的发展前景令许多人感到不安，因此就这一主题所展开的公开辩论中加入了一些“缓和剂”，比如“半自动”和“人类介入”等安慰性的词语，虽然这些词听起来让人舒服一些，但它们会造成误导。它们伪装成答案，但其实根本没有涉及问题。如果要让机器在各种情况下都能有效运行，那就肯定需要完全自主的系统。参与决策循环的人类眨一次眼、点一次头都不利于正确对抗，也不利于满足上述需求。比如，当一群无人水下航行器发现一个关键目标，如一艘潜艇正准备发射带有核弹头的导弹，同时通信受阻时，这些无人水下航行器如何能够采取行动呢？它们在无法联络人类指挥官的情况下该如何消除威胁？或者它们如何自己采取行动来保护我们？

为了进一步探讨此类问题，我们还需要理解，我们已经生活在一个只有依靠人工智能才能防御部分智能导弹的时代了。比如，美国海军舰队目前的密集阵近防武器系统（Phalanx CIWS）带有雷达和一台与射速极快的格林炮连接的计算机。启动后，该系统可专用于防止船被掠海飞行的巡航导弹和其他空中威胁打击。当一枚导弹进入距离船约 2.5 英里[①]的半径范围时，人类无法有足够的反应时间。密集阵近防武器系统必须完全自主运行，它必须能自己追踪导弹、瞄准并开火。

超级战争还将改变我们对空战的理解。在 20 世纪中叶的小规模冲突中，飞行员的技术决定着生死。如果战斗机飞行员要开火，那就必须占据位置和机动性上的优势，因为目标的反击和机动性优势会使其无法从下方击落对方，但在 20 世纪 80 年代和 90 年代，飞行员训练的重点开始转向超视距空战（BVR）技术。飞行员在小规模冲突中无须看到另一架飞机上的飞行员，而是通过雷达技术发现长距离目标后发射导

① 1 英里＝1.609 344 公里。——编者注

弹即可。最早的超视距空战导弹模型缺少精密的传感器和算法，但这些能力目前已经大幅进化。最新的导弹制导系统可以提供真正的“一劳永逸”（fire-and-forget）的能力。像美国先进中程空对空导弹（AMRAAM）这样的导弹可以在没有发射器的情况下击中目标，即便是处于敌机目标视野范围内也不例外。战斗机在导弹接近敌机前就已掉头并消失在敌机视线外。这种技术被称为“一劳永逸”是有原因的：武器负责思考，飞行员负责遗忘。

当然，全球战争中一些威胁的技术含量并不高，但即便是这些技术也需要越来越先进的自动瞄准系统。在2012年，伊朗人警告美国海军不要将航母驶入波斯湾。他们展示了几百艘可以在水上以极快速度行驶的水翼船。[34] 伊朗通过此举向美国释放威胁信号，它们可能会让500个甚至1 000个人乘上这些船，通过人数压制美国的航母。由于水翼船本质上就是“自杀船”，这种战术就如同日本在“二战”时期的神风敢死队飞行员战术。这种战术根本不可能阻止航母，但会让许多人失去生命。

与我们未来军事领域的例子一样，除了人工智能之外，没有能够有效对抗蜂拥战术的策略。总不可能在航母甲板上放几十门大炮吧，即便可以这么做，人类炮手的反应速度也无法跟上蜂拥而至的水翼船和它们所发射的武器。唯一能够应对蜂拥战术的就是反蜂拥，或者一个控制了美国海军激光武器系统（LaWS）的自动瞄准系统。毫无疑问，并不是只有美国会面对这种超级战争。比如在2016年，中国航天科工集团公司的王常青告诉《中国日报》，中国正在开发基于人工智能的巡航导弹。他表示："我们计划在研发新巡航导弹时采用'即插即用'的方式，这样我军领导可以按照战斗条件和具体要求配置巡航导弹。此外，未来的巡航导弹将实现高度的人工智能和自动化。指挥官可以实时控制它们或者使用'一劳永逸'模式，甚至给飞行中的导弹增加更多任务。"[35]

这些军事技术的发展传递出一个信息：我们需要训练和教育年轻的与年长的领导者如何以不同的方式思考并适应这些即将到来的快速决策环境。狭义人工智能时代近在眼前，如果我们坚持让人类介入，那必将带来劣势。正如我们要在后面的章节中讨论的，像人工智能巡航导弹这种狭义人工智能技术必然会被应用到未来的一些冲突中，人类的介入不仅是不必要的，而且是危险的。

如果人类已无须介入战争的一些方面，那么普通公民该如何参与军事技术的发展呢？为了回答这个重要的问题，我联络了我在美国军方的另一位同事——前空军官员与前美国国家安全局局长肯·米尼汉（Ken Minihan）将军。[36]米尼汉将军在美国军队和政府工作了50年，有着漫长而传奇的经历。在为比尔·克林顿政府服务期间，他是首批公开承认21世纪安全威胁的顾问之一。

他告诉我："20年前，没有人会不断地讨论新技术的漏洞。进入后冷战时期后，政府因预算问题而放弃了解决这些新威胁的努力。当时我们的公司正在开发所有这些新技术，但我们没有试图将这些技术私有化或秘密研发。我希望隐私和安全责任能够从政府转移到行业，我们应当努力创造条件，让私人企业感到责无旁贷。"

根据米尼汉将军的描述，我们在网络时代仍在引导这一责任的转移。不幸的是，威胁变得越来越多。有的国家正在培养自己的网络战争部队，更不用说那些恐怖组织了，但因为隐私问题，米尼汉将军的目标——让私人企业承担更多安全责任，变得更加复杂。在美国这样的民主国家，《1984》中所描述的那种针对个人的监视会遭到民众的强烈反对。虽然我同意公开讨论所有这些问题，因为辩论是民主制度取得进步的过程中必不可少的，但我也对这种独特话语的缺陷感到遗憾。民主国家无法像极权国家那样运作。如果一个真正的极权国家为了自己的利益而使用并将继续使用先进技术，那会发生什么？在将保护公民放在第一位的同时，我们是否也应该增强政府防御外国反对势力的能力？

我们看到布什在任职期间对基因和干细胞研究施加了类似的限制，但他国并没有施加此类限制，我们一直引以为傲的技术优势已逐渐消失，而这都是因为坚持以二分法讨论这个问题。我们只能在以下问题上二选一：安全或隐私，人工智能或人类，永远的乌托邦或糟糕的反乌托邦。

“我认为安全和隐私更像是铁轨的两根轨道，”米尼汉将军告诉我，“它们一个向上，一个向下，但保持对称。它们总是同时存在，你可以根据威胁和新技术调整平衡。所以我更喜欢谈论‘我能相信这项技术吗’，而不是‘它安全吗’或‘它能保护隐私吗’。”

我认为智能软件和人工智能可以在这方面帮助建立更加细致入微的第三种方法。比如在 2013 年，美国运输安全管理局（TSA）在机场安检口使用“反散射”身体扫描器，引发了群众抗议。[37] 它们被公众称为“虚拟裸体扫描器”，最终美国运输安全管理局撤下了所有机器。对大部分公众而言，信息被另一个人解读就是侵犯隐私。

正如在本书阐述中人工智能推动了大量科学技术的发展一样，人工智能也可以化解人们对隐私泄露的担心。我们可以使用带有认知软件的身体扫描机器，其认知软件能自动分析捕捉到的图像。只有在软件确认出现异常情况时，才会向人类显示图像。这能够限制暴露在政府监视下的公民人数，从而解决很多问题。人工智能和智能软件可以被用于实现隐私和安全之间的平衡。这种信任是我所说的更加细致入微的讨论的一个重要组成部分。开发更好的软件和更加智能的分析技术不会解决所有安全问题，也不会毁灭我们。实际情况介于两者之间：是的，我们可以并且应该控制科技所产生的风险，但碰巧的是，要做到这一点的最佳方式是开发更多技术，尤其是更加值得信赖的技术。

让我们再来看一下目前马斯克、霍金等重量级人物禁止自动武器的提议。该提议认为，种族清洗是自动武器最危险的用途之一，其危险性甚至超越了以特定类型的 DNA 为目标的生物武器，比如自动武器系统可以被设置为搜索特定种族的成员并消灭他们。的确，具备类似功能的无人机距离商业化已经很近，可能只需要几千美元就能买到。如果它配备了来自像 DIY Drones［由前《连线》杂志编辑克里斯·安德森（Chris Anderson）创立的控制系统开发网络论坛］这样的社区所提供的自主导引软件，就可以很轻松地创建出这样的系统，但这不是未来的人工智能，而是目前的人工智能。当无人机碰巧看到一个特定颜色、肤色或具有表示其种族属性的生理特征的人时，无人机可以通过免费提供的图像识别软件将这个人确认为目标。这项技术只需要一个预算有限的小型私人团体花费数周时间就能开发出来。

看到这些，你可能会认为我是站在马斯克和霍金那边的，毕竟这些都是可能会出现的威胁，但事实上，这项技术能够如此方便地获取，以致我要提出质疑了，归根结底，这项禁令该如何执行呢？前联合国秘书长潘基文的话就能阻止朝鲜开发自动武器？期待一个机制或一项国际公约可以有效监督此类活动是不切实际的。我再次声明，人工智能创新已经开始并且无法被阻止。

● ○ ○

在我们最近的一次谈话中，米尼汉将军让我产生了一些激进的想法。“当我和美国现在这代领导人交谈时，”他说，“我总是会问‘你们准备在智能技术上花多少钱，你们对网络攻击有多担心’。我知道在工业时代如何解决这些问题，但那无法解决网络时代的问题。这一代领导人必须站出来得出一些结论，就像你们的祖父辈们在‘一战’和‘二战’后那样。现在的问题是：我们的策略是什么？现在轮到你们这代人决定如何在 21 世纪保护我们的世界了。”我能够回答米尼汉将军的问题。我希望我们这代人做好准备，也就是开发出能够控制这些潜在威胁的技术。我们无法依靠那些不可执行的禁令和条约。我们需要下一代人工智能技术。我们需要引导公众更辩证地看待人工智能。

幸运的是，对军人和公民而言，在计算机科学部门以及得克萨斯州的奥斯汀和硅谷等科技创业公司热点区域之外，全新的技术发展和人工智能创新的环境正在出现。我们将在下一节了解到，今天的一些最先进的人工智能算法已在低摩擦系数且有即时反馈机制的领域得到了应用，比如金融市场。

05. 金融市场

1915 年，一位非常聪明的年轻经济学家兼前公务员在英国财政部担任了一个职务。他的工作任务就是收购稀缺的外国货币，以购买战争物资。这位机灵的年轻交易员开始囤积西班牙比塞塔，使这种货币从市场上消失，从而增加它们的价值。当他在英国政府里的上级告诉他，政府急需比塞塔来偿还债务时，这位交易员拿出了所有囤积的货币，将它们放入市场，使这种货币的价值快速下降。之后，他立刻反向操作，以当时的低价购回它们。最终，我们这位年轻的投机主义者为英国筹集了足以还清债务的钱，并将收益的 30% 放入了自己的腰包。他的同事后来在笔记和日记中描述了他这一大胆的行为并对此表示钦佩。他是目前已知的第一个操纵全球货币市场的交易员。他就是约翰·梅纳德·凯恩斯（John Maynard Keynes）[38]。

今天，凯恩斯被公认为“宏观经济政策之父”，但很少有人知道他还是一名非常成功的金融顾问和基金经理。他管理剑桥大学信托基金达 20 年之久，并实现了 400% 的回报率，而当时英国股票市场的变化还非常小。

凯恩斯的一项最伟大的洞察是他能够准确观察到人类概率估算与数学概率评估之间的差别。本质上，他发现了股票价值仅仅是任何一个团体愿意为其支付的不合理的价格。他通过这一理解操控了市场中的群体心理。他在离世时的个人净值达到 3 000 万美元，这些钱几乎全都来自他个人的投资。

● ○ ○

优秀的投资者和市场理论学家都有一个共同点：他们的行为与大众的行为相反。沃伦·巴菲特曾提醒人们：“你在股票市场花非常高的价钱买到的只是一声喝彩。”而著名的罗斯柴尔德银行家族成员巴伦·罗斯柴尔德（Baron Rothschild）曾提出过一个著名的忠告：“在市场血流成河时买进，即使有些血是你自己的。”[39] 当一名伟大的投资者发现另一种市场思维方式时，投资就会得到回报。财富总是被那些采取反直觉方法的人握在手中。

这些人具有特立独行的性格特征，有些人甚至是极端的另类分子，因此我们在日常生活中很少会遇到这些市场大师。每隔10年或20年，都会诞生一两个这样的投资者，他们的洞察力旁人根本无法企及，这就是为何像艾伦·霍华德（Alan Howard）和乔治·索罗斯（George Soros）这样的对冲基金经理能够名垂青史。然而，随着交易速度的加快和投机知识的普及，原来需要几天、几小时才能完成的事情现在只需要一秒就能完成，一个新的市场领导者将粉墨登场，它就是人工智能。

● ○ ○

如果列出纽约市对冲基金双西投资（Two Sigma Investments）所提供的岗位列表，你就会发现许多高级岗位与计算机程序的关联度超出了与金融投资知识的关联度。像双西投资这样的对冲基金不再等待十年一遇或二十年一遇的天才投资家的出现，而是采用了一种截然不同的预测策略。尽管20世纪八九十年代的大型对冲基金均以人类的专业知识为基础，且都由赫赫有名的管理者经营，比如乔治·索罗斯、保罗·都铎·琼斯（Paul Tudor Jones）、布鲁斯·柯夫勒（Bruce Kovner）以及他们的父亲A.W. 琼斯（A.W. Jones）等，但像双西投资这样的基金在交易时几乎无须人类的干预，它是由一个机械化和自动化的数学概念运行整个交易策略的。传统的团队领袖型交易员会根据个人对市场走向的经验而投入大额赌注，但他们已经不是双西投资雇用新的交易员时寻找的目标了。越来越多的系统性对冲基金引入了人工智能技术，许多交易员都是隐藏在技术后面的数学家和计算机科学家。在过去，像凯恩斯这样的交易员可以创造出一种操控比塞塔价格的策略，然后赚得盆满钵满。然而在今天，随着速度和透明度的提高，每个人都能获得所有信息，包括所有的货币投机策略。对冲基金经理很难再想出未被发觉的赚钱方法。

市场需要真正的金融创新，至少在我们看来是这样。

当人工智能发挥全力时，其选择看起来十分疯狂。人类的思想局限于自身的理智和知识，而人工智能及其目的导向的思维模式则能够自由驰骋。这是因为人工智能不受任何物理限制，它能够为了获得最具突破性的策略而进入荒谬的领域。

人类无法拥有这种体验。我们永远无法真正了解，在人类理性的约束范围之外是无尽的创造力。人工智能可以进入一种机械化的疯狂状态，但同时，它们的意图要比我们理性得多。

请允许我用一个简单的思想实验来说明这一点：用两分钟时间想一个名字，比如齐柏林飞艇。当你读出这个经典摇滚乐队的名字时，脑海中可能会浮现出许多联想。齐柏林飞艇对你而言可能是许多不同的事物。比如当我听到齐柏林飞艇这几个字时，想到的是得克萨斯大学校园内的图书馆。突然，我不但想到了齐柏林飞艇和校园图书馆，同时也想到了我最好的朋友、现在已成为我妻子的赛博（Zaib）。这一联想只会继续，而且齐柏林飞艇可以勾起我意识中的所有联想：我在大学读书的时光、我在得克萨斯大学计算机科学系度过的日子、我与好友们一起度过的许多夜晚里所听的音乐等。

齐柏林飞艇这个例子说明了人类的思维方式。我们的感官互相联系在一起，我们会在这种联想记忆中找到语境。

我无法将齐柏林飞艇与我脑海中的所有其他记忆分离。这些体验为我标定时间和地点：我可以围绕着它，但永远无法完全逃脱。因此，齐柏林飞艇总会带给我特定的体验。当然，多年来，其他人也会让我联想到齐柏林飞艇，而我对该乐队的了解已经扩展到了很多方面。现在，齐柏林飞艇为我带来更多联想，但我永远无法体会到它的所有方面。我永远无法实现哲学家托马斯·内格尔（Thomas Nagel）所描述的“凭空而得的观点”。我永远不会对齐柏林飞艇有完全客观的认识。

同样的联想记忆贯穿于不同的人群、不同的文化。当引入一个概念时，你会围绕这一概念产生自己的观点，并且将这些观点植入自己的思想中。一些联想是我自己做出的，但我从来没有远离该主题的中心。这已成为许多人的共同联想。这就是文化：一种重叠的记忆。离开你对齐柏林飞艇的联想记忆，你将很难去介绍这个名字的含义。通过这一方式，我们不但分享了对一个概念的联想，同时也分享了彼此之间的联想。这就是相互主观性。将我们所有人看成个体并认为思想起源于相互隔绝的“雾化泡沫”中，这是一种误导。思想是一种社会行为，而非个体行为。

我们的大部分的创新想法来自哪里？根据这一联想性记忆的性质，它们可能来自多年累积的学习、经验、实验以及偶尔的灵感迸发。作为人类，我们的思想互相联结，形成了集体联想，因此同一时期生活在地球不同地区的人都可以发现最先进的理念。著名的物理学家史蒂文 · 温伯格（Steven Weinberg）灵光一闪，将电磁与控制核衰变的弱相互作用联系起来。巴基斯坦物理学家阿卜杜勒 · 萨勒姆（Abdus Salam）在同一时间提出了完全相同的想法。1979 年，这两位科学家与谢尔顿 · 格拉肖（Sheldon Glashow）一同获得了诺贝尔物理学奖。

这是联想记忆的功劳，但正如我们之前所讨论的，人类没有为特定目的而产生的思维，只有一般性思维，因此人类可以在现实世界中生存和繁衍。所以，虽然温伯格、萨勒姆和格拉肖等科学家做出了位于人类知识和共识边缘的创新，但他们依然被我们的生物限制和联想记忆所束缚。他们根植于现实世界，这将他们与我们的集体社会共识和智力联系在一起，这阻碍了他们与我们产生超越人类想象力和知识的想法。

有了人工智能，我们的智力范围就会趋向无限。在漫长的进化过程中，联想记忆和删减为我们提供了极大的帮助，它们使我们摆脱了任何看起来“不必要”的想法。任何反直觉、非理性或被认为是“疯狂”的想法会被立刻抛弃，甚至其中的一些连在梦中都不会出现。这些想法与我们的联想网络不存在任何联系。

然而，在金融市场等无摩擦环境中，在毫无根据的疯狂举动掩盖之下的理性，恰恰满足了人们的需求。面对人工智能的疯狂举动，人类会做出什么反应？AlphaGo 打败围棋顶尖选手李世石的比赛可以给我们一些启示。在比赛中，AlphaGo 做出了一个“疯狂的”举动，围棋冠军选手樊麾看到后深感震惊。他对记者说:“我从来没有见过人类选手会这么下，这招太厉害了。”而李世石也对这一手棋感到猝不及防，以致他不得不叫了15分钟的暂停。后来，他告诉记者这明显是一个错误。《连线》杂志在报道这场比赛时这样写道:

> AlphaGo的下法似乎与之前的没有联系，但其实它是放弃了棋盘下半区的一组棋子，转而攻占另一个区域。AlphaGo将黑棋放在李世石的一个白棋的正下方，并通过这一手为另一种情况做好了准备。在当时的特定时间与情况下，这一手实在是太出人意料了——人类下围棋的历史已经有2 500多年了，但这一手还是让人大吃一惊。就连评论员都无法评论这一手的意图。[40]

当我们把这些美妙的疯狂之举应用到金融市场中，它又会表现如何呢?过去10年的系统性对冲基金已经取得成功，但这种预先设置的公式无法学习和调整。当市场的实际浮动超出模型的界限时，其公式化的智能必定不起作用，但随着人工智能技术以及深度学习等算法的发展，模型已能够分析大量市场数据并根据市场环境进行实时调整了。

这群用硅制成的“交易员”无须思考、休息、吃饭，也不需要在周日喝酒或睡觉。高盛等公司对新员工的要求近乎苛刻。在这家富有传奇色彩的公司，刚刚迈出校门的年轻员工常常连续工作好几个夜晚，睡在脏得出名的地毯上，早餐只吃冷比萨。强化学习和其他人工智能算法现在已经为这些年轻的人才提供了一种赚钱的方法，这些算法发现新策略、识别新模式的速度，超越了任何人类分析师。当它们发现一种有希望的假设时，通常能够更快地找到多种相关战略，其发现速度可能呈几何级增长。将人类交易员训练成能够判断趋势并能凭直觉得出独特策略的“市场控制者”，需要他们积累数年的经验，而目前的算法在数小时内就可以探索数千种可行的策略。这个对比是不是非常悬殊？

不同于房地产或制造业等充满摩擦的实体物件行业，金融市场是摩擦最少的行业之一。在市场中，人工智能可以生成假设、进行测试、获得快速反馈，然后继续这一过程或者探索新的方法，而这些时间恐怕只够房地产大亨把设计图打开。如此抽象的、完全能够用数字表示并且行动与结果之间的反馈如此迅速的领域少之又少。凯恩斯这样的大师能在人类知识和常识的边缘进行创新，并因此举世闻名，而双西投资等对冲基金公司开发的全新人工智能强化算法，则可以使交易员以之前无法想象的速度探索各种策略。深度网络和其他精密的数字结构所生成的假设极其深奥，普通人在没有辅助的前提下根本无法理解。随之而来的，就是讲究策略的疯狂举动。

对冲基金经理已经陷入疯狂。过去 10 年，在后危机环境下，主观型对冲基金的回报率尤其糟糕。[41] 自 2009 年起，对冲基金与标准普尔 500 相比，普遍下降了 51%。仅在 2016 年，主观型对冲基金的“超级英雄”保罗·都铎·琼斯就解雇了 15% 的员工，并宣布他将把他的都铎投资公司变成一个更系统的、以计算机为基础的量化基金。摩尔资本管理公司的路易斯·培根（Louis Bacon）曾实现过 15%~20% 的回报率，而在 2016 年，他的回报率下降到 5%。2015 年对潘兴广场资本管理公司的比尔·阿克曼（Bill Ackman）而言简直是一场灾难：他的基金跌了 40%。专家估计潘兴广场资本管理公司需要在下几个季度实现超过 60% 的增长才能弥补这一亏损。

越来越多的主观型基金经理纷纷转型，加入“数量化投资”阵营。根据2016年高盛的研究报告，每5个美国投资者中就有一个正在研究“数量化投资”策略。[42]仅在一年前，也就是2015年，这一比例还只有1/10。结合了深度学习、深度散列、自然语言处理、强化学习和基因技术的人工智能算法可以发现反直觉的交易策略、预测浮动并确认人类永远无法发现的趋势和事件关联性，从而强化更传统的对冲基金。

● ○ ○

我曾经在大学时读过《孙子兵法》，这本书的序中有一个非常有名的故事。一名伟大的中国将军面对的对手，在数量和质量上都占绝对优势。他对自己的5 000名士兵下了命令，在面对敌人时，这支人数较少的军队肩并肩排成一排。然后，一听到将军的命令，他们就一起拔出剑，同时割开自己的喉咙。敌人看到这一场景后惊呆了，随后落荒而逃。

孙子告诉我们，最好的将军在战争开始前就已获胜。他们让敌人从心底感到恐惧，这并不是因为他们强大，而是因为他们对目标和国家坚定不移的献身精神。

人工智能就好像是孙子笔下的神秘之师。这支军队有令必从，毫不畏惧，无论对手有多强大都不会退缩。在面对2008年9月15日华尔街雷曼兄弟倒闭后的市场暴跌时，有几个对冲基金经理还能照常行事？在大萧条时期，有多少市场勇士依然我行我素？如果像以前的中国军队那样做，你无法吓唬一个算法，市场上大部分交易员之所以没有做出最惊险的反直觉举措，主要原因就是恐惧。

1996年，加里·卡斯帕罗夫（Garry Kasparov）以高超的棋艺征服了世界，但他还以比赛时的心理战著称。卡斯帕罗夫正是利用“凝视”所带来的心理优势，通过不可估量的恐吓击退他的对手的。他不仅统治了棋盘，还用双眼震慑了对手，占据了心理上的优势。但当他与IBM的超级计算机“深蓝”对决时，卡斯帕罗夫面对的就是用硅和铁铸造的“孙子军队”。卡斯帕罗夫凝视着“深蓝”的双眼，但看到的只有意志、目标和决心。人工智能就像是人的一面镜子，卡斯帕罗夫在其中看到了自己。

人工智能和区块链：关于信赖的数学

人工智能不但颠覆了整个对冲基金行业，还改变了我们对金融机构的传统认知。纵观历史，银行、指数和票据交易所等金融机构一直是信托和低摩擦交易的提供者。自我们进入帝国、股票公司、企业集团和全球金融的殖民时代以来，这些机构一直是我们信赖的中间人：我欠你钱，然后我给你一张银行支票代替现金。实际上，支票根本不是现金，但在我们的集体想象中，这个故事给了我们信心。我们相信金融机构会进行兑付。相比于贝壳、一群牛或几袋茶，银行支票的携带要方便得多。我们减少的摩擦越多，交易就越频繁；我们交易得越频繁，就越相信这个故事。当我们交换物品时，你不会完全信任另一个住在地球另一端的陌生人，你信任的是银行。对银行的幻想使我们所有人建立了对合作的信任。

直到最近，银行才开始代表一种现实中的场所，我们甚至可以把它称为“分行”。我们在这里办理我们的“银行业务”。

我们会把支票交给人类柜员并让他们处理、结算。几天后，支票就会兑换成我们账务中的金额。许多人仍记得以前柜员交给新客户的银行存折。存折外有一层塑料膜，柜员会仔细地记录每一笔交易。我们脑海中银行里的景象就是一排排木质柜台、真皮沙发以及拴着长长的金属珠链子的圆珠笔。

这一形象现在已成为过去。甚至连金融机构的概念，这一人们的共识，现在也出现了争议。其原因之一是一个名叫中本聪（Satoshi Nakamoto）的神秘密码专家所做出的创新。

● ○ ○

2014 年,《新闻周刊》(*Newsweek*）的记者利亚·古德曼（Leah Goodman）出现在日本籍工程师中本聪的家门口并“揭露”他就是比特币［2008 年出现的 P2P（点对点）电子货币］的发明者。[43] 虽然中本聪坚持称自己没有参与过任何与密码相关的活动，但这篇文章还是立刻引起了轰动。虽然《新闻周刊》支持古德曼的观点，但越来越多与比特币相关的信息使人们对中本聪是比特币的发明者一事产生了怀疑。谁才是比特币真正的发明者？截至撰写本书时，我们仍不知晓，但有人认为是澳大利亚密码学家兼商人克雷格·史蒂文·赖特（Craig Steven Wright）。[44] 他似乎具备开发比特币所需的技术知识，但他是否有足够的“才华”发明一种全球密码学家都认为无比巧妙的代码？目前，这仍是一个未解之谜，这个发明者已经改变了我们对合作和风险的整个认识。目前可以明确的是，比特币，具体而言应该是记录比特币交易的基础存储系统，也就是区块链，正在迅速颠覆金融市场的各个主要环节。

● ○ ○

让我们先来简单地介绍一下这些数字实体到底是什么。比特币是一种电子货币，它最初被设计为一种不受任何中心管理机构管制的分布式 P2P 支付方式 。我们都知道 Napster 和 PirateBay 等 P2P 传输方式，而 P2P 的用途远不止下载难以搜索到的音乐，它能够通过消除单点故障获得恢复能力。比特币以及莱特币和狗币等许多其他类似的加密货币都是一种被称为区块链的安全的、分布式的、点对点的数据库。与过去的 P2P 服务一样，区块链是一种能够保存数字信息及其起源，即整个信息添加、修改和删除历史的存储系统。当然，虽然像比特币这样的加密货币使用的是区块链，但这项技术的用途远不止这些。区块链可以保存地址、地契、股票交易、专利与知识产权记录等各种信息。区块链的安全有保障，任何有不良企图的个人或团伙都无法入侵或恶意修改其记录。区块链与生俱来的恢复能力使比特币和其他加密货币能够成为记录货币所有权和转移的可信载体。

传统货币[①]的发行者、保存者和验证者是银行，而区块链就不需要这种中心管理机构，无须银行，也无须验证。这种算法背后的数学原理保证了其安全性和可信度。事实上，区块链能够有效抵御不法操控，因此在任何情况下都能保证这一分布式数据库中的所有信息准确无误，除非区块链一半以上的用户都被入侵。如果用户数量只有十几二十人，安全入侵可能造成实际风险，但此时区块链技术的用户群体如此庞大，在任何一个节点上都在百万上下。半数以上的用户被入侵几乎是不可能的，因此区块链是全球使用最广泛和最安全的重要信息交换存储系统。

为了更好地了解其革命性的意义，我们需要了解区块链如何颠覆我们对金融机构的理解。让我们以银行的日常交易

① 传统货币，指金属货币、信用货币等。——编者注

为例。今天我去银行存了一张支票。银行会说:“好的,已收到您的100美元。我们会把它存入您的账户中,现在您的账户余额是600美元。”

接着,任何想要从我这里收钱的人都必须通过我的银行,银行是我唯一的账户信息保管人,因此银行就成了我的授权中间人。我们甚至可以说银行不仅参与借贷业务,还参与信息业务。

当金融机构将钱转给某人时,它们转的并不是真正的货币,而只是将交易记录在案:“根据今天发生的交易,美国银行欠摩根大通200万美元。”然后,银行通过清算所结算记录,并借此控制“钱”从一个账户转到另一个账户时的风险。对大部分人而言,交易仅仅是电子记录中的信息而已。由金融机构保证此类信息的真实性。

如果使用区块链,那么这些环节都可以省去。让我们看一看使用比特币交易时的情形。比如你要从你的账户中付给我10个比特币,你只需要“写明”区块链的转账细节,而不需要填写支票并交给第三方。也就是说,区块链中的每名用户都能看到该交易。你的匿名ID会将10个比特币发送到我的匿名 ID 中，并且转移记录会被复制到整条区块链。在 8~10 分钟内，区块链中的每一个人都能确认这是否是一次合法的交易。如果网络对最初收到的信息提出异议，用户可以放弃“不良”区块或者“不良”区块链。所有用户都可以看到其他用户的每一项交易，而且密码保证了没有区块会被伪造。

本质上，区块链是一种通过数学担保实现的去中介化信任机制。我们通过宗教、艺术和诗歌对信任产生了主观理念，而这种理念可以被表示为一种计算式财产担保体系。

在人工智能时代，算法保障的安全性、决策的可解释性和行为的透明化将成为主要的问题。区块链体现了人类的理想，即信任可以被转换成数学和代码。我目前的工作就是在区块链上使人工智能生成共享、廉洁的世界观。如果识别出有人工智能系统“违反了规定”或者“变坏”，不管它来自外部还是来自人工智能系统集合内部，集合中的所有成员将商议如何应对。这可能是区块链第一次被用于实现人工智能系统的“社会责任感”。因此，我们所取得的进步展现出了极大的潜力。

● ○ ○

关于被金融市场重新定义的信任，没有人比克里斯·科拉多（Chris Corrado）思考得更深入。他是伦敦证券交易所集团（LSEG）的首席运营官和首席信息官，曾在全球各地的金融和科技行业工作。虽然他相信金融行业越来越高的自动化程度是有利的，但他承认风险管理永远不可能实现完全“机器人化”。

科拉多在谈话时告诉我：“我们所做的最重要的一项工作是结算交易。”作为全球交易的清算所，伦敦证券交易所集团负责代表客户实时管理大规模风险。“区块链减少了确认交易是否完成和钱款是否转移到位之间的延迟。你可以随时降低产生的风险，做出有利于社会的行动。你还可以将这一资本运用于更好的地方。”

尽管有了这些技术承诺，科拉多仍然相信信托机构在市场中占有一席之地。他告诉我：“随着角色的转变，活动也会发生变化。这不是因为这些活动是多余的，而是因为你正在使用技术去完成它们。因此，完成此类活动所需要的人数有所减少。”

> 想象一下，一种是你必须等到当天结束才能知道对账信息，另一种是你随时随地可以了解这一信息。当天你所承担的风险截然不同，这并不意味着风险不存在。你可以通过快照降低风险，但如果你无法在每笔交易中保证钱款在合适的时间转到合适的地方，那么你肯定会承担风险。
>
> 这就是未来。我们在极容易产生不良行为的行业工作，情况会变得越来越糟糕。为了安全，我们必须主动预测后续会发生什么不良行为并防止它发生。这就是我们的责任，为此，我们需要通过各种机器学习算法实现高级分析。

正如我们之前所见，区块链可以被用于满足部分此类需求，但它的作用远不止如此。它还能够以可执行代码的方式保存行为，这可以带来许多优势。保存在区块链中几乎不会被入侵的代码反映的是可以用于实施合同条款的双方约定的行为。比如甲方和乙方使用区块链确保甲方在一个时间向乙方支付10个比特币。当他们签署该协议时，可以建立一旦签订就必定能执行的“智能合同”。区块链本身将保证可以在约定的时间支付承诺的款项，而且无须甲方和乙方进一步干预。

“智能合同”只是区块链和人工智能之间的诸多交集之一。我的团队和我最近正在与一家大银行合作，要使用我们的人工智能自然语言处理算法“阅读”人类撰写的合同。目前我们努力的方向是，让人工智能系统可以自动编写有效且经过验证的“智能合同”，即生成可执行代码。想象一下，人工智能可以将人类签署的纸质合同中的条款转换成一个由算法自动生成的担保机制。人工智能先“阅读”纸质合同，然后将它以代码形式写入区块链。我们的目标是让所产生的“智能合同”能够精确表述英语合同的意图。我认为这就像是发明一种数字扫描仪。全球大多数合同都是纸质合同，区块链只占所有交易中非常小的一部分，但这项人工智能技术的作用类似于扫描仪，可以将所有纸质文件变成电子版文件。我们是否可以不再需要使用“违反合同”这个词？在大部分情况下，“智能合同”和区块链可以凭借数学算法使所有“违约”成为过去。

过去，诗人通过诗歌描写人类理想中的信任；现在，有了区块链，我们以数学公式的形式描写信任。“好心的撒玛利亚人”可能很快就会因为我们现在的工作而变成一群机器人，使用区块链在一个环境中让所有人工智能代理成为可信的、共享行为的代表。

我们在充分理解了某个事物后，就能看到其中蕴含的机制。这不是说整个世界最后将会完全变成机器的或者自动化的，但我们挖掘得越深，就越能意识到这些基本的数学公式可以提供我们人类无法形容的体验。相比于普适法的不可撼动性，区块链是一种更倾向于“禁欲主义”的结构，是一种比牧师或者哲学论文的劝诫更加长久的信任与安全的代名词。

因此，数学和物理学等相关的研究领域可以为我们提供一些出人意料的出发点，来创建一个更智能、更高级的社会。在下一节，我们将看到我们构建的环境如何因为人工智能算法而变化、调整和学习。在我们的生活与工作中，实现了联网的桥梁、住宅、大楼和道路越来越多，物联网正在将机器智能和数据添加到我们的整个生存环境中。

06. 认知空间

硅谷风险投资家马克·安德森（Marc Andreessen）曾说过，软件正在蚕食这个世界。这是因为软件正在取代硬件，逐步成为大部分经济流程价值的代表。不久前，软件还只是一个复杂流程的微小组成部分，而该流程需要大量人类输入和精密的非数字化系统，如今它却蕴含着巨大的智能与附加值。想一想在特斯拉之前的汽车：化油器、喷油系统、火花塞、复杂的机械变速箱系统、散热格栅、泵等。而在电动汽车中，所有这些复杂的设备都被电动机所取代。大部分机械子系统也被取代了，加速、制动、增压和导航都由软件负责。在车内，与许多其他高价值的经济商品和流程一样，价值从硬件转移到了软件上。数字化的进步，即“软件不断蚕食世界”的过程将继续。在未来，软件将变得越来越聪明，它将自己做出决定、解释数据并在不需要人工输入的情况下设计出复杂的流程，使用超出人类感知范围的信息。即便是在今天，软件产生的数据量已经如此之大，我们的解释和分析技能已经不足，其短缺程度很少有人知晓，谈论这一点的人更是寥寥无几。

美国人民的日常生活和商业活动需要物理基础设施的支持，而这些物理基础设施的维护和运营面临着极大的技术工人缺口。据美国未来能源工作专项小组近期开展的一项研究估算，在 40 万名能源行业员工中，近一半（约 40%）在 2013 年前退休。[45] 这一代技术工人退休后，留下的岗位空缺令人震惊，而目前的问题不只是缺少技术型人才，这些基础设施还面临着个人、恐怖组织和国家的网络威胁。和许多其他致力于解决工业物联网挑战的企业家和工程师一样，我知道通过训练更多人员或者采取传统的方法无法解决这个几万亿美元级的问题，这会延误时机、收效甚微。人工智能是面对这一巨大挑战的唯一可行的解决方案。

想一想，在大型公用事业公司，一台发电机或涡轮机的价格高达 5 000 万美元，而在美国，最大的公用事业公司有超过 700 台这样的涡轮机。无论是恶意软件还是系统故障，这些资产中的任何一台出现问题都会带来巨大的风险。这些大型系统的转速可以达到每分钟数千次。如果系统失控，它所释放出的能量足以带来灾难。任何类型的灾难性故障都等同于一颗炸弹的爆炸。

那么人工智能如何提供帮助？我将用亲身经历来回答这个问题。Flowserve 是全球最大的泵、阀门和各种油气设施制造商之一，它无法仅依靠人类的智能对其巨大的基础设施进行监控。对这些公司而言，与人工智能连接的传感器可以大大扩展产品的“故障提前预警窗口”，或者延长泵故障前的预测时间。使用传统的数据科学技术，可以提前 4~5 小时预测故障，但在使用了被称为“自动模型生成”的先进的人工智能技术后，他们能够提前 5 天收到警报。最有意思的是，在他们的测试案例中，面对设备遇到实际负载以及维护和使用方式方面的差异，该算法能够自我调整并优化特定泵或阀门的检测方式。通过该技术，泵本身就如同有了生命，可以根据具体情况进行改变和学习了。

“自动模型生成”体现的是数据科学家和能源分析师脑中的流程。让我们了解一下。相比于目前更常见的做法，即利用行业专家开发机器学习模型，这两者有何不同？目前，了解金融、制造或能源等方面问题的专家常常可以获得大量关于问题的数据，他们凭借自身知识，判断将哪些变量或特征加入模型，哪些应该被排除。之后，机器学习专家可以确定使用哪些算法以及如何建立算法。专家可能会说："好吧，你正在对这些数据进行分类，这是我们可以使用的所有算法。支持向量机（SVM）是否精确而高效？神经网络又如何？或者可以使用决策树？"当确定最佳算法时，机器学习从业人员将会训练数据（至少用于受监视的应用），以生成模型。

问题在于，最初部署的机器学习是知识密集型的。对商业相关的问题，你一般需要行业专家与机器学习专家合作。此外，在这一背景下的学习，仅限于选择算法和在流程一开始所建立的特征集。换言之，如果你要将10个数据或10个特征输入该模型中，这些就是要输入模型中的特征。之后，你可以找到让该模型变得更精确的附加数据，但生成该模型的算法不会发生变化。如果你发现能够使用密集性较低的算法更有效地建立该数据，或者如果数据增加，该精度会下降，这样你可能就只能从头再来了。比如你希望从支持向量机转移到神经网络，那么你就需要人类专家重新介入并完成这项工作。这不只是关闭整个算法，你可能需要监控一个有更多种传感器数据的工业装备。如果使用传统的机器学习解决方案开发方法，加入这种更丰富的数据集将会十分费力，远不及一键操作便捷，也不如自动过程高效。

另一方面，借助“自动模型生成”可以大大减少目前领域专家和数据科学家投入的大量精力。这对能源行业而言是一个巨大的利好，因为该行业近一半的维护专家和分析师即将退休，而且它还面临巨大的结构性变化。

这样，“自动模型生成”只是数百个新“智能层”之一，这些“智能层”被用于增强基础设施点内部和周围的关键决策。这种技术为砖、钢和混凝土组成的静态世界注入了可自我调整的敏锐智能。

毫无疑问，许多人已经熟悉了这些智能产品的物联网理念，比如亚马逊的 Alexa，该款数字助理将所选择的数据流整合进了家庭环境中。最先进的传感器技术正在快速增强数字助理的功能。卡内基－梅隆大学的工程师最近推出了合成传感器，该设备能整合家庭环境数据。[46] 当用户安装该设备后，其传感器可以使用机器学习算法追踪声音、湿度和电磁噪声等变量。该算法的精密度足以将此类数据转换成与环境相关的洞察，从而使用户可以获得具有真正价值的信息：我的厕所有没有漏水？我的门口是不是有没人签收的包裹？车库门是不是开着？

普适传感器产品已面市。谷歌在2014年花费32亿美元收购了智能温控器公司Nest，自动化技术因而引起了主流媒体的关注。[47]然而目前很少有在一个设备上使用多种传感功能的例子。合成传感器推动了联网建筑或智能家居远程控制时代的发展。

这类集成智能必定会随着数据流的增加而增加。比如，谷歌和Nest对Dropcam的收购为谷歌的自动化能力组合增加了监控、红外成像和更精密的图像识别警告能力。[48]麻省理工学院教授、人工智能的坚定拥护者罗德尼·布鲁克斯（Rodney Brooks）创建的iRobot等制造商以及Miele、AirCraft和Neato等许多其他企业提供种类繁多的各式机器人，有的机器人可以清洁地板，有的可以做基础的房屋清扫工作。[49]虽然目前这些系统的应用环境有限，但该技术正在快速发展，不久后，未来清洁机器人便可以实现联合控制以及清洁机器人团队作业。WINBOT等洗窗机器人，或iRobot Mirra和Aquabot等自动泳池清洁系统，若配以真空清洁和地板清洗功能，其日常维护能力将更加实用。目前市场上已经出现了草坪修整机器人和除雪机器人。

在安全与远程呈现领域，Double Robotics 的产品已经被广泛应用，甚至被 Reddit 等前卫的公司大量使用。另一方面，iRobot 和 Inspectorbots 的服务更加倾向于在建筑外围巡逻和运行。

我们很快就能看到与更加智能的家居和建筑联网的机器人队伍了，到那时中枢人工智能就可以感知到情况并派遣自动机器人小队前往解决问题了。相反，监控机器人也能作为传感器使用。当它们在住宅或者大酒店底楼周围巡逻时，可以覆盖到仅凭监控摄像头无法覆盖到的范围。

越来越多的建筑机器人将与建筑数据以及整个环境中的传感器集成，测量从温度、湿度到入住率和人流量等各种指标。随着传感器部署成本的降低和越来越开放的设计，在“建筑区域网络”内集成此类设备变得越来越可行。这一广泛而分散的数据集，可以被想象成叠加在建筑物理地图上的传感数据“场”，它使得认知引擎能够发现问题和异常并提交给人类员工。在大部分情况下，系统将直接与建筑集成系统以及自主系统合作，在无须向人类发出提醒的情况下对安全和安保系统做出响应。

当人类管理人员和监控人员不再参与时，如何进行监视、维护和保证安全？这一点我们暂且不论。我们先来复习机器学习流程与人类专家在解决复杂问题时的巨大差异。机器思考自己面临的问题时，不会使用保安或门卫解决问题的方法。保安无法考虑到所有可能性，因此他会根据职业偏见、摸索和直觉删除一些可能性，从而减少自己的选择。机器却不需要删除任何选择。它们会处理所有可用数据并始终将数据保留在可搜索的数据库中，这也被称为“全面回忆”。因此，即便机器得出的结论不太可能会发生，但依然合乎情理。在大部分情况下，它们所得出的异常解释都是不相关的，但也有少数例外。

让我们以一个非常荒谬的例子来说明这一点。比如一名保安看到一个女人推着一辆童车走进大楼。保安看不到宝宝，但他听到了啼哭声，所以认为里面有婴儿。而机器智能会做出所有可能的假设，包括其他来源产生啼哭声的假设。通过比较过去进入大楼的童车的视频，该系统会发现异常：该童车的底部有非常明显的、被系统标出的凸起。然后，系统对童车进行检查并发现里面有一颗炸弹。一辆传出啼哭声的童车中没有婴儿的可能性小到可以忽略不计，因此人脑会轻易地忽视这种可能性，但机器学习会调查这些统计结果，而且这不会影响其记忆和处理能力。在未来的安保领域，它们甚至可能会提供人类大脑无法理解的却具有说服力的数据点。

当我们将种类丰富的智能与低成本传感器的性能相结合时，我们就来到了物联网第三阶段。我们曾在本章第一节中讨论过这一概念。很快，精密的系统将会使我们所建立的环境根据传感器采集的数据进行推断和洞察，实现自我思考，并预测和诊断技术问题，这些技术将产生认知空间。它们的“思考”将包括整合那些为特定结果预设的算法，同时在没有人类监督的情况下“汇总”输入数据并进行解释。其人造“大脑”将生成假设、确认或否定假设，然后根据实验进行创新。换言之，智能基础设施会对所在环境的许多方面使用科学的方法。

当然，如今的住宅和建筑所采用的仍是简单的自动化技术，而且局限于安全、舒适和效率领域。在这些有限的问题中，我们可以把所有问题交给智能建筑，让它来观察并设计解决方案。虽然像恒温器或自动门这样安装在建筑中进行测量并做出响应的独立系统已不是什么新鲜事，但所有这些数据会融合成一个中央建筑“大脑皮层”。它在我们这个时代是一个全新的概念。这就是物联网第三阶段在单一结构中的体现。

为了更好地解释为何这个概念十分重要，以及它在理念方面和实际应用方面的重大影响，我们需要了解物理世界的一些基本的概念，尤其是点测量，以及物理上“场”的概念。什么是“场”？“场”是一个想象中的由网格组成的网，每个网格包含一个向量。如果向量代表磁场力，整个网就是磁场。如果向量代表重力，那么整个网就是重力场。

人类生活在物理世界中，我们的生物感官能够为我们提供部分现象的信息，但由于我们无法获得感知到力的许多属性所带来的影响，因此我们会遗漏它们。这些力对我们的安全、生产、效率有巨大的影响。合成传感器可以增强人类的感知并显示出我们所无法意识到的力和现象。这些价格低廉的传感器使我们现在能够对更大的区域进行多种测量，同时保持各种读数的精确性。它们让我们能够测量存在于我们的生活、工作和娱乐空间中的各种场。

未来的智能建筑将能够测量各个时间和空间中的相关场，从而获得全新的洞察。比如，目前的被动式红外传感器主要用于探测人类的存在。这些常被称为“运动传感器”的设备通过身体热量识别个人，但在不久的未来，此类传感器将可以联网，将能够监控身体热量并探测可能存在的健康问题。之后，建筑将提醒现场员工或本人对可能的医疗紧急情况做出响应。当与无线射频识别（RFID）和智能标签等个人身份识别技术一起使用时，建筑将可以记录个人体温历史，以此作为未来的医疗数据以及用来确认身份信息。

不久之后，作为控制冷气和暖气的恒温系统的一部分所安装的温度和压力传感器将集成到场测量中，以指示泄漏和其他系统压力与故障。视觉数据捕捉或实时视频监控也将被用于健康甚至效率方面的应用。想象一下，你可以问建筑昨晚离开时你是否带着笔记本电脑。如果走廊里有孩子出现异常的行走行为时，建筑可以告知学校护士，因为这可能是严重受伤的迹象。音频与视频数据的结合可以用于安保，作为发生盗窃或其他犯罪活动时的证据。除了目前的应用之外，音频传感器还可以“听到”电弧或放电，并且在保护认知空间的电气子系统方面起到不可估量的作用。音频场还可提供普通住宅中的实用数据。比如，前门可以“知道”枪响发生在多远的地方并据此采取主动安保措施。

这些传感器都是信息的源泉，能够生成有关设施内部维护、电能管理、安保和健康方面的深入的、有意义的洞察。想象一下，你的办公楼或住宅能够确定每个经常进出的人在每季度的访问模式。这一信息可以用于确认异常的安全事件。如果你的大楼可以通过红外图像分析追踪每个内部人员的监控指标并根据不同人的需求调节区域温度，或者你的大楼可以在外围使用音频签名匹配技术区分恶意威胁和无害的意外事件，你觉得如何?

在未来，此类情景能够为建筑和其他脆弱的基础设施提供外围保护。有了这一层防护措施，桑迪·胡克小学事件或2015年巴黎炸弹攻击的结果是否会有所不同?

这些例子说明了我们身边的建筑和住宅正在发生改变，它们正在从我们居住的被动结构变成与我们协作的主动结构。

未来的人与建筑的协作，其主要渠道是增强现实。随着与人工智能的融合程度越来越高，我们的建筑将成为可以根据我们的需求不断进行智能且谨慎的调整的居住空间。

增强现实与人工智能在未来建筑中的融合

增强现实是一项在真实图像上建立数字构件层的技术。这项技术有多种实现方式，比如在手机相机拍摄的图像上叠加卡通角色，或者通过穿戴式耳机或眼镜将现实图像与合成对象混合。正在阅读本书的读者们可能都知道谷歌眼镜或微软的全息眼镜 HoloLens，这两款正在开发的产品就以实现增强现实体验为目标。一度流行的《精灵宝可梦》游戏也证明了增强现实的传播速度有多快。和动画片一样，在《精灵宝可梦》游戏中，玩家的目标是收集出现在现实世界中的虚拟口袋妖怪，玩家可以通过手机摄像头看到它们。这种技术很早就已出现，我自己就亲身体验过。微软全息眼镜和谷歌眼镜企业版的技术只是为这些系统开发软件的开发者和公司提供了希望。高质量和足够真实的增强现实技术进入主流市场尚需时日，一旦实现，它将产生深远的影响。我们已经很难分辨什么是客观现实，也难以确定它是否真实存在了，因为我们获得的所有体验可能只是一个关于我们如何感知事物的公式。增强现实会进一步将这一客观现实 / 感知现实二分法的观点推上风口浪尖，因为这项技术将为我们每个人创造一个自定义的世界景象。

那么，这一切与人工智能又有什么关系？关系非常密切。增强现实将成为实现人工智能并将它融入我们的“真实”现实中的途径。当增强现实打破感知的壁垒并使我们的大脑无法区分数字世界与现实世界时，人工智能的进步将以这些无法描述的流畅体验为基础，将所产生的混合现实与人、生物、物体、地点和人工智能或它所创造的体验相融合。

需要注意的是，增强现实不需要特定的设备。这个拥有各种真实度的概念适用于手机摄像头和屏幕、穿戴式耳机、眼镜、投影表面以及大脑植入物。我们在未来将可以通过多种方式体验增强现实，比如体验智能建筑内的表面。其可能性几乎是无限的：根据我们的喜好将我们最喜欢的艺术作品投射到墙上的人工智能系统、使用灯光增强甚至改变房间的感知结构等。组成天花板的灯可以让房间从西斯廷教堂变成后现代舞厅。织物或装饰物的外观也可以发生变化，因为它们都是投射在一块白板上的影像。

包括微软在内的许多高科技公司发布了一系列概念视频，展示智能显示和先进的高分辨率、高亮度投影设备如何使整个房间和大楼成为完全可配置和可变换的显示表面。在其中一些视频中，建筑可以感知到住户、评估他们的意图并投射完全定制化的导航标识，比如地板上的箭头或墙上的文字等，来指引行动。当然，并非这些视频中的所有内容都会在未来成为现实。未来建筑将不仅能够感知到住户，而且还能同时察觉数千名住户的个人意图，从而优化决策以平衡各住户的优先性和重要性，然后通过图像与个别住户进行私下交流。

人工智能不仅关注机器人和虚拟化身，而且致力于将人类的住宅等大型建筑变成“有机生命体”。未来的建筑，包括桥梁、道路、大坝、管道和运河，除了需要钢筋混凝土等建材，还需要增强现实和先进的自动化技术的支持。在未来几年内，建筑美学可能不仅限于静态美，还将包括智能性和适配性。

●　○　○

随着人造环境连接性的增加，环境中的漏洞也越来越多。在之前的章节中，我们探讨了网络黑客以及各种善意和恶意渗透计算机系统的方式，但我们自己的身体也同样脆弱。人类的大脑在进化过程中通过产生漏洞帮助人类生存，而这些漏洞现在正在社交网络上被利用。为何我们人类的思想如此容易受到外界力量的影响？我们如何保护自己？

07. 思维入侵

在我撰写本书时，正值 2016 年美国大选受到俄罗斯黑客及其活动的影响。关于特朗普政府与俄罗斯总统普京之间的关系以及俄罗斯在特朗普政府当选中所起到的作用，每天都会产生一堆新的、未被解答的问题。近几个月的发展可能已经让这一事件被归类为网络安全，但现在我感到应该把它归为一个全新的类别——“思维入侵”。

“网络间谍”一词让人想到爱德华·斯诺登（Edward Snowden）、朱利安·阿桑奇（Julian Assange）、切尔西·曼宁（Chelsea Manning）等人以及上一代的黑客，比如因入侵AT&T和诺基亚等大型企业而名声大噪，而后成立自己的网络安全公司的凯文·米特尼克（Kevin Mitnick）。无论你把他们称为告密者、揭发者还是犯罪者，这些人都使用简陋的技术工具放大了信息、提高了透明度并改变了我们的文化对腐败、隐私和爱国主义的理解。

在不久后的将来，随着人工智能技术的发展，人类将使用加密电子邮件、博客平台和“粘贴垃圾箱”，这将很快让我们感到怪异。

奥巴马竞选总统时，他在2012年连任选举活动中的首席数据科学家是伊德·加尼（Rayid Ghani），加尼利用数据分析方面的经验以及Facebook数据定制了电子邮件消息。[50]年轻的选民尤其不怎么使用传统的媒体渠道，因此加尼和他的团队在青年群体中找了一些有影响力的人。之后，这些人收到了有针对性的消息，消息鼓励他们宣传竞选内容并与同龄人“出去投票”。Facebook还向加尼的团队提供了关于年轻选民利益的基本信息，这使宣传团队能够有针对性地发布与选民非常相关的广告，鼓励他们在接下来的选举中采取行动。

现在，仅仅在几年后，这项数字战略看起来就好像是上一个世纪的事情了。在 2016 年特朗普和希拉里 · 克林顿之间的竞选中，以有针对性的 Facebook 广告为形式开展的大众心理分析在特朗普的胜利中起到了重要的作用。[51] 这些广告使用的是一种被称为 OCEAN 的基本心理分析模型，OCEAN 的 5 个字母分别代表 5 种性格特性：开放性（对变革和新体验的接受性）、责任心（追求完美的倾向）、外向性（社交能力和与人相处的愿望）、亲和性（体贴和配合）、神经过敏性（是否易于不安或焦虑）。20 世纪 80 年代，研究人员提出了最初的人格类型模型，再加上后来的 OCEAN，或大五类人格特质，这些成为心理分析领域的标准技巧，但这方面所面临的挑战是数据采集。要想获得关于一个人的信息，就需要对方填写冗长的问卷调查并进行烦琐的记录。

在 2008 年，这一切都发生了变化。一位剑桥大学的年轻研究人员迈克尔 · 科辛斯基（Michal Kosinski）开发了一项可以在 Facebook 上进行的 OCEAN 测试。他打算将这个测试发送给几十个好友以获得研究结果，但不久之后，数千、数百万名用户将自己的人格偏好发给了这位年轻的研究人员。到2012年，根据Motherboard网站上的一篇文章所述，科辛斯基证明："平均来说，根据一名用户在Facebook上的68个'爱好'就可以推测其肤色（95%的准确率）、性取向（88%的准确率）、亲民主党还是共和党（85%的准确率）。"[52]科辛斯基仅仅将他的结果用于学术和研究，而他这些诱人的数据如今已成为全球最大的心理分析的分数来源，这对涉及政治活动的组织而言如同一个宝藏。伦敦的SCL（战略通信实验室）集团于2014年聘请科辛斯基前去工作。SCL集团从事的是行为建模，专门服务于政治宣传活动、信息传播战略、社交宣传活动和广告商的商业心理目标定位等。科辛斯基拒绝了这家公司的邀请，因为他不希望将他的研究用于商业。

2013年，SCL集团宣布成立一家分公司。这家名为剑桥分析（CA）的全新公司使用OCEAN模型，专门从事政治宣传活动的精确微定位。这家SCL集团的大数据分公司的绝大部分资金来自对冲基金管理者、亿万富翁兼特朗普支持者罗伯特·默瑟（Robert Mercer），特朗普的前首席战略师斯蒂芬·班农（Stephen K. Bannon）在这家公司的董事会中也担任重要职务。剑桥分析在英国“脱欧”宣传活动的成功中起到了重要作用，从此这家公司声名鹊起。[53] 2016 年，该公司与特朗普的宣传团队合作，与特朗普的女婿兼主要政治顾问贾里德·库什纳（Jared Kushner）在 Facebook 数据和精确微定位方面开展了密切合作。[54]2016 年，剑桥分析通过 OCEAN 测试以及购自 Acxiom 和 Experian 等第三方公司的个人信息，获得了超过 2.2 亿美国人的精确人格信息。

这家公司的计算能力十分惊人。据计算机科学新闻网站 ScienceNode 报道，剑桥分析的分析使用了带有“560 个处理内核和 130 多个 TB 数据”的高性能计算集群。据该网站估计，其在“宣传活动期间分析的总数据量接近 13 TB，它通过亚马逊 AWS 访问数据云进行分析”。[55]

剑桥分析的精确微定位成功地覆盖了各种人格的选民，比如存在安全问题的、性格内向的枪械店店主会收到一个反乌托邦的 Facebook 广告，上面画着一群匪徒在晚上闯入店中；而性格更加谨慎且平和的枪械店店主会收到一个怀旧的广告，上面画着一个男孩和他的父亲出去打猎。剑桥分析的支持者会认为他们最厉害的武器就是向希拉里·克林顿选民发出的反对投票的广告。[56] 迈阿密小海地的一整个街区都收到了有针对性的广告，上面写着希拉里·克林顿基金会在海地发生灾难性的地震后没有提供足够的支援。这些所谓的“黑帖”只会被发送给某个小团体，甚至只发给特定的个人。本质上它们是经过精确微定位的 Facebook 广告，其中一些动画视频只被发送给非洲裔美国男性。这个有针对性的动画“黑帖”使用了希拉里·克林顿 1996 年的讲话片段，其中的动画人物希拉里·克林顿反复说着同一句话：“超级掠夺者。”

剑桥分析等组织的行为让我们进一步了解了那些不同于我们所熟悉的广告宣传的操控公众的方法，让我们知道，所有决定都可以被追踪、测量和优化。行为数据激增的起源就是现在广为大家所知晓的谷歌 A/B 测试。

从广告牌、A/B 测试到人工智能

广告学的建立是为了研究如何加工信息才能迫使我们做出购买决定。直到最近，这些信息主要来自才智、创造力、艺术和心理学研究。无处不在的广告是美国消费生活的特点。虽然让人不安，但广告有其局限性已成为普遍共识，尤其是今天的美国人越来越精通媒体并且对广告年代的虚假承诺越来越警惕。广告商无法真正衡量他们的操控方式会对我们产生何种影响，这也助长了这一趋势。我们会在看了广告后跑出去买可口可乐吗？没有人可以完全确定这一点。在手机出现之前的现实世界中，广告商只能依靠揣测。

在今天的数字世界中，一切都不一样了。我们的所有点击和浏览都能被测量，我们变得越来越“可追踪”。我们的决定可以被衡量和评估，然后我们就会收到一堆直接与我们的网络行为中所展现出的问题和产品相关的定制广告。谷歌通过巨大的、不断增长的互联网为广告业带来了这种测量能力，这难道不是它为全球大型企业创造的一个奇迹吗？

2016 年，全球数字广告支出达到 1 910 亿美元。[57] 据预测，到 2020 年数字广告支出将增加近一倍，达到 2 850 亿美元。[58] 为什么要将所有钱都用在数字广告上？因为它可测量，而且可以根据用户行为调整内容。一切才刚刚开始，未来会出现越来越有效的广告推销手段，它们把手伸向我们的钱包，影响我们的思维。

广告团队所使用的一项关键的信息优化策略就是A/B测试。这种方法被谷歌和其他网络广告公司频繁用于从数据中学习并定制信息，以产生目标用户响应，比如一次点击、浏览或购买。通过A/B测试，两种通常带有细微差别的信息被发送给同一地区的不同人员。广告团队通过测量响应率确定版本A还是版本B更有效。以最有效的信息为基础，然后再创建两个或更多新版本，每个版本使用略有不同的字体、样式或背景色。广告团队会继续这一流程，直到无法进行更多的改进。信息已被“优化”到保证最佳响应率的程度。

在即将到来的人工智能时代，人工智能将可以在一个全新的层面执行A/B测试等机制的流程。它不但能够记录大量变化，使用它们进行更快速的优化，而且还可以进行人类几乎无法考虑到的细致定制。需要考虑的变量太多：字体样式、粗细、颜色、背景、措辞、信息长度、图片样式、横幅样式、发送时间、地点、发送渠道、受众年龄、受众性别、信息中所包含的行动次数、行动号召的程式化等。追踪这几百项属性中每一项的所有可能性，对人类团队而言过于不切实际，但自然语言生成（NLG）和搜索优化等人工智能技术就能轻松高效地实现这些。

正如我们在剑桥分析等例子中所看到的，自动化 A/B 测试并不是唯一的可以影响人类思维的人工智能。以聊天机器人为例。目前，简单交流系统可以对采集自社交媒体的信息或者在聊天网站和论坛上的信息自动进行特定类型的回复。在一些主题上，Twitter（推特）等越来越多的网站上的流量将几乎完全来自这些互联网机器人。2016 年 10 月 18 日，CNN（美国有线电视新闻网）报道了这样一个新闻：1/3 支持特朗普的 Twitter 帖子不是由真人，而是由聊天机器人发出的。[59] 该报道援引了牛津大学教授菲利普·霍华德（Philip Howard）的研究。霍华德表示，33% 的支持特朗普的流量由聊天机器人产生，而在支持希拉里·克林顿的帖子中，这一比例只有 22%。2016 年美国大选中，来自美国、俄罗斯或其他地区的机器人在多大程度上影响了竞选结果，我们永远无法准确估量，但在一场胜者与败者票数差距极小的大选中，这些机器人肯定起到了作用。

当任何足够聪明的、有充分动机的集团或组织花费必要的资金就能获得此类系统时，目前的选举流程，甚至是民主制度本身，是否会变得“可入侵”并遭到破坏？

青少年的父母都知道，通过社交媒体发送的精心设计的电子信息不只是与政治相关，我们的新公共共享平台已成为新型网络霸凌的首选测试地，将一些受到严重精神创伤的受害者推向自杀的边缘。《美国公共健康期刊》（*American Journal of Public Health*）在2012年刊登了一篇题为《社交媒体与自杀：一个公共安全问题》的文章，详细研究了这一现象。[60]该研究的作者发现，互联网的使用与女性自杀者之间存在明显的统计学上的关联。女性对通过互联网发送的信息和内容是否更加敏感还需要进一步的研究，但这一关联本身就十分令人不安，它说明了数字信息影响部分人群的可能性。不难想象，在糟糕的情况下，未来的狭义人工智能将被人类规划者用于对外国的目标科学家、政治人士或商人的姓名进行自动分类。通过将这些与社交媒体推送信息相结合，访问公共信息或商业数据库，此类系统可以在目标个人及其重要社会关系成员，比如配偶、孩子和父母等之间建立联系。然后，人工智能系统开始通过观察Facebook帖子、论坛消息、

Twitter 和 Instagram 照片建立每个人的心理分析档案。这一档案可能会评估他们的人格类型、兴趣爱好、最容易受哪种信息的影响等。只要这个系统“锁定”目标的时间足够长，它甚至可以使用自动入侵技术，或发送自动生成的钓鱼邮件，以尝试进入他们的电子邮箱或社交媒体账号。如果真的发生这种情况，那么狭义人工智能支持的心理宣传活动将会有大量的材料可以使用。自然语言处理算法可以被用于自动扫描目标邮箱中的数十万封邮件，从而锁定可能产生尴尬或负面影响的信息。在所有材料被编目、分类并确定优先级后，人类规划者只需要向狭义人工智能系统发出最终命令，就能针对目标及其关键社会关系成员，即他们的家人、朋友和孩子，精心设计操控、威胁和骚扰信息。

我希望这样的未来只存在于科幻小说中，但不幸的是，这种人工智能声誉攻击和操控技术正在变得越来越普遍。这是因为我们正在进入一个人工智能增强操控的时代：我们关于信任和过失的信念与理解将被人类指挥的狭义人工智能所入侵，而且这种入侵正在变得越来越精密和快速。

在继续探讨人工智能如何改变社会工程学和操控前，我们先要来看一看，为何人类的思维面对这些“思维入侵”如此不堪一击？目前，我们的媒体中充斥着“虚假消息”和可能的“另类事实”的故事。记者和权威人士将我们目前的政治环境称为“后真相时代”。阴谋论者亚历克斯·琼斯（Alex Jones）这样的角色以及布赖特巴特新闻网的最新消息，虽然为讽刺作家和喜剧小品提供了大量素材，但“虚假消息”策略效果惊人，其原因是它能够直达我们内心深处的理性缺陷，即心理补偿、早期记忆、部落/群体紧密团结所产生的安全漏洞。人类大脑在面对“合理性的猛攻”时会采取保护意识形态的防御机制。我们宁可相信谎言，也不愿意让真相打击我们对部落的忠诚。政治研究员布伦丹·尼汉（Brendan Nyhan）和杰森·雷夫勒（Jason Reifler）将这一漏洞称为“逆火效应”。[61] 他们的工作研究了很多示威运动：从反疫苗接种运动到媒体无法改正奥巴马宗教信仰的神话等事件。他们一次又一次地发现，当媒体开始改正“另类事实”时，就会与受众疏远。在经过一系列的研究后，他们得出的结论是：这一效应在宗教和政治反对言论上体现得尤为明显。也就是说，领导者、政治团体和广告商可以“入侵”我们的意识形态、触发心理防御机制并掌控我们的心理。

心理学家丹尼尔 · 卡尼曼在其 2011 年的里程碑式著作《思考，快与慢》(*Thinking, Fast and Slow*)[①] 中，从另一个角度告诉了我们其他一些容易入侵人类思维的方式。他将我们的思维分为思维系统 1——自动化的，消耗的精力很少；以及思维系统 2—— 有意识的、刻意的和费力的思维过程。我们把大部分日常活动交给思维系统 1，这使我们的思维很容易“被入侵”。快速思维是一种模板式思维。当这块模板受到影响，比如当它偏向于一名候选人时，我们会在每次获得新的信息时自动加强这一偏向。

我们可以在卡尼曼所说的“锚定效应”[62] 中看到我们的脆弱。锚定效应可能是任何一名资深销售员的指南。比如在跳蚤市场交易中，我们看中了一个旧沙发并询问价格。店主

① 丹尼尔 · 卡尼曼的《思考，快与慢》一书简体中文版已由中信出版社于 2012 年 7 月出版。——编者注

告诉我们这个沙发的价格是 4 000 美元。我们进行了初步评估，并且自欺欺人地认为这是一个理性的评估，然后立刻拒绝上述报价。当我们要离开时，店主说可以给我们 900 美元的特别优惠。突然，这个价格仍然昂贵的沙发就变得十分优惠了，这让我们难以拒绝。经过又一次看似理性的评估，我们决定要把握这个“一次性”的优惠。这么好的机会什么时候才能再碰到？

显然，这种销售技巧就是锚定效应。我们的估算看似合理客观，但实际上已经严重偏向于我们所相信的信息。在 1974 年的一次实验中，卡尼曼和科学家助手阿摩斯·特沃斯基（Amos Tversky）让人们转动一个写着数字 0~100 的“幸运转盘”。实验对象不知道这个转盘被设计成始终停在 10 或 65 上。当箭头停止转动时，他们让参与者估算联合国成员中有多少个非洲国家。需要注意的是，与极具吸引力的旧沙发价格一样，这个问题的答案大多数人都不知道。当转盘停在 10 或 65 上时，他们会问实验对象认为非洲国家的数量是高于还是低于转盘上的数字，然后让实验对象估算准确的数字。由于参与者不知道这个问题的答案——很少有人会记住并准确说出这些数字，看到转盘停在 10 上面的人猜测联合国成员中有约 25 个非洲国家，而看到 65 的人猜测有约 45 个非洲国家。在他们的观念中，这个转盘是完全随机的，他们可能不会对上面的数字进行任何有意识的思考，但他们没有意识到的是，上面的数字“锚定”了他们，对他们的猜测产生了实实在在的影响。除非你真的知道联合国成员中有多少个非洲国家，否则任何时候你身边的“锚”都会影响你的选择。

2014 年，心理学家罗伯特·爱泼斯坦（Robert Epstein）设计了一个基于锚定效应的研究，测算网络搜索结果对一组印度选民的影响程度。[63] 爱泼斯坦证明，通过在搜索结果的前几位中放入正面或负面新闻的链接，他和他的联合作者可以影响选民的最终选择。他们的实验揭示了具有偏向性的搜索结果可能会让候选人的得票数增加 12% 或更多。

这种隐形操控不只存在于政界，在最新一代 A/B 测试这样简单的事情中，我们看到了“点击诱饵”。在谷歌迭代广告模型出现 10 多年后，我们将人脑中的漏洞优化到了极致。今天，即便是在最有名和最高端的网站中，广告也只是一张张突兀的图片，这是因为根据 A/B 测试，我们的视觉皮层会注意到不同于周围环境的事物。很久以前，这项技能让我们能够发现草原上的老虎或狮子。现在，当我们打开一个网站并看到完全无法理解的图片时，比如奇怪的水果或身体的一部分，我们的思维就会被准确地入侵。我们自动而习惯性的快速思维系统将在我们意识到这一点之前“点击”这张图片。

人工智能自然语言生成系统进一步优化了这种点击诱饵。它能够在上面叠加自动生成的优惠、宣传语句以及其他为了触发特定行为而设计的煽动性内容。目前，技术专家正在使用人工智能深入挖掘网络行为模式，从而根据之前发生的事情预测将来，这被称为现实挖掘。在未来，人工智能不仅能够阅读现实，而且能够书写现实。随着一个人工智能策略时代的到来，团体和组织不再需要预测选举结果。他们可以改变选举结果。就在几年前，我们看到了中东如何在“阿拉伯之春”中重振旗鼓。未来，人工智能将能够引发“阿拉伯之春”。

我们在这里所谈论的不是有感知的广义人工智能。所有这些“思维入侵”都能通过今天的技术实现，只要有狭义人工智能和提供意图的人类用户即可。

为了了解其工作方式，我们必须了解“涌现”的概念，或者如社会、国家和部落关系等复杂系统的行为。“涌现”这一概念既来自哲学，也来自自然科学。系统科学家彼得 · 科宁（Peter Corning）通过棋类游戏描述了由反馈驱动的影响如何塑造了一个生命系统，这根本不是一个自生秩序的过程：

即便是在棋类游戏中，你也无法使用这些规则预测“历史”，即任何指定的时间段。事实上，你甚至无法预测棋类游戏的下一步。为什么？因为这个“系统”所涉及的不只是棋类的规则，还包括棋手和他们在各选择点上对大量选项做出的实时决定。虽然棋类游戏受到一系列规则的限制和影响，但它也不可避免地受到历史的影响，更不用说物理法则了。[64]

由于人工智能系统带来的一系列重大变化，我们将体会到无数“涌现”行为的例子，这些例子通过我们互相连接的社会、金融和生态系统被放大。我们可以看到金融市场中出现了一个“涌现”行为形成的小宇宙，算法交易不断大量发生，直到被不可避免地卷入崩溃的漩涡。任何一种与复杂系统合作的算法都会产生这种“涌现复杂性”。这个系统内部密不可分，因此我们无法隔离任何一方的行为。可能最令人困惑的是，它无须人类智能就可以触发社会网络结构中的这种串联。这并不费力，但需要大量数据、一些编程良好的算法以及巨大的处理能力。人类将拥有一个入侵我们思维的机器学习“黑匣子”。今天，我们只看到了这一新兴威胁的冰山一角。我们如何抵抗我们的社会之前所无法想象的大规模群体操控？我的回答是，我们所创建的互联网及其联网社区和系统等无限的公共空间是一个人类警察根本无法监控的空间。冻结人工智能的进一步研究，真的能阻止目前的技术使用或者保护我们免受未来这项技术的伤害吗？随着这一新时代的到来，将会有人使用人工智能技术为非作歹，也会有人使用这项技术保护社会。躲在一纸禁令之后可能会让我们陷于危险的境地。我们很快将会发现，只有人工智能可以保护我们免受人工智能的伤害。

人工智能盾牌

什么是人工智能盾牌？我们可能会把它比喻成身边的社区警察。举个简单的例子，现在的安保软件可以探测进入商业网站的自动化程序，这些程序会占用网站大量的流量进行无意义的活动，使网站崩溃或变慢。不久前，要发现这些程序相对来说比较容易，因为它们会以非常规律的时间间隔发出请求。由于没有人类会如此生硬地进行操作，因此这些时间间隔意味着机器中存在此类程序。

然而，此类活动正在变得越来越精密，它们现在常常以不规律的时间间隔发生，我们很难把它们与人类活动区分开来。如果这真的是一次自动请求，我们需要确认它是来自可信任的合作伙伴还是来自麻烦制造者。它是谷歌合法地整理你的内容并为你创造更好的机会，还是竞争对手的“价格战”自动程序将产品降低一美元，以提升产品在亚马逊搜索引擎上的排名？它是大量的合法浏览，还是“伪装”成浏览的自动程序？它是否入侵了 YouTube 的广告位算法，给广告商造成了损失？

机器学习算法已经在检测此类破坏他人网站的低级别犯罪活动了，如果我们希望真正保护互联网上的公众，就需要做出比现在大得多的努力。以网络世界的“城市广场”Twitter为例，想象一下，一个犯罪者建立了一个假 Twitter 账号以损害竞争对手的声誉。你很难迅速确认所发生的情况并关闭这个假账号。

这是网络世界中的一大风险，它说明了人类在监控数字世界方面的巨大失败。人工智能盾牌可以助我们一臂之力。“警察机器人程序”可以监视 Twitter 这样的数字公共空间并扫描异常活动。当程序根据内建信任水平发现可疑情况时，将触发警报并将问题发送至 Twitter 的客户服务人员。公司不一定会单凭此类信息就采取行动，但它有助于减少人工报告攻击产生的延迟。在这种情况下，Twitter 将会从人工智能盾牌“警察机器人程序”中获得足够的证据，进而关闭账号或删除诽谤的帖子。在我看来，这是一种实用而普遍的新数字公共平台监视方法。我们不能依靠现实世界中的工具抵御互联网空间中的犯罪行为。

我认为，我们可以使用人工智能盾牌抵御其他更加定制化的“思维入侵”方式。我将这一趋势比喻成解放我们的算法、摆脱企业影响的自定义人工智能时代的到来。当我建造自己的新家时，我不想在个人空间中被动地安装亚马逊、谷歌等大公司的人工智能系统。虽然我的家里安装了亚马逊的Alexa，但我只是为了这个预封装物理设备所提供的便利而使用它。我想要的是将我自己的“技能”叠加在它的硬件上：我的人工智能算法将帮助我实现对我有意义的目标，比如我希望有一块声音白板，记录我在家里所说的想法，并能在软件定义的电台中找到我感兴趣的内容。

我们可以通过个人化人工智能盾牌将这一理念进一步延伸，而正是个人化人工智能盾牌保护着我们的认知能力不被Facebook算法所压倒或拉拢。现在，我的大脑不可避免地与Facebook新闻推送产生了联系。想一想锚定效应。大型社交媒体公司表示，它们是为了我们的利益最大化才这么做的，我们不可能看到所有人在网上发布的内容，因此Facebook算法为你完成了。我越来越相信那些反对这种主张并开始从算法“手中”夺回自主权的人们。让我们自己决定想看什么，让我们自己决定如何生存。

在不久之后的未来，市面上和你的家里到处都会有像微软的增强现实头戴式设备 HoloLens 这样的产品，我们的现实世界会被加上许许多多的人造层。我们在决定自己想看的东西方面还有多少选择权？要说过去 20 年的数字技术告诉了我们什么，那就是更多的屏幕能够为企业或政党提供更多的机会，把它们自己的想法直接下载到我们的大脑中。现在轮到我们创造算法盾牌保护自己和社会了，这将成为我们的增强现实还是别人的增强现实呢？

● ○ ○

我正是通过这些想法催促大家深入研究即将到来的感知机器时代的。正如我们在许多人工智能的例子中所看到的，人类的输入正在被最小化并且在大部分情况下变得越来越不重要。一些人类决策者所推崇的狭义人工智能会在物联网领域发挥作用，帮助我们解决医疗和制药、安保、战争、建筑以及城市规划方面的问题。我们将慢慢地、不可避免地进入一个周围的机器具有智能、具有感知、最终具有目的的世界，而不是突然有一天早上醒来发现广义人工智能已经到来。

在这一切发生之前，我们可以利用这次机会，将人工智能作为一面反映人性本质的镜子。人工智能可以让我们更深入地思考我们到底是谁、我们的生存目标是什么以及我们如何发挥自身最大的潜力？在本书的最后一章，我将更多地谈到人而不是机器。我们是谁？在即将到来的感知机器时代，我们想要变成谁？

THE SENTIENT MACHINE

第三章

未来的世界

01. 缺失的部分

我记得小时候在拉合尔时，我曾坐在父亲的脚边玩着我的美国特种部队士兵玩具，而我的父亲则坐在他最喜欢的椅子上。突然，他大声说了些什么。直到现在，我依然不知道他当时是在跟我说话还是在自言自语。

我父亲说："你知道吗，西方国家非常善于分析，东方国家的思想家则主要关注融合。"

我让他解释了这句话的意思，而且我现在仍然清楚地记得他当时的解释。他告诉我，西方的科学家和思想家使用科学的方法，即观察现象，然后根据测量结果和数据仔细分析和解释所观察到的结果。在这方面，这些人是推理大师。东方的思想家则会融合观察结果来进行解释，常常不会完全理解或验证其背后的根本原因。他告诉我，在过去的几百年中，随着人类对科学和科学方法的了解，演绎推理过程，也就是分析，被证明有用得多。它能让我们获得可以应用、可以作为理论基础的深层次理解，并使我们获得更先进的技术。

东方的融合不具有这一价值。可能是因为其基础模块没有经过科学验证或被融合者所正确理解？因此，这种来自东方的融合思维产生的更多的是故事、传说和神话，而不是科学方法的基础。牛顿看到苹果，想到的是重力，而不是什么树神用苹果砸他的头来传递信息。

我的父亲告诉我，他预见到在不久的未来，西方的分析归纳法与东方由故事和寓言组成的融合法将结合。在这个即将到来的时代，所有知识基础模块将一起造福全人类。

对我来说，要让父亲的愿景变成鲜活的现实，最好的方法是采用他认为将会占据上风的思维方式。在刚进入青少年时期的某一天，我就开始朝这一方向努力。我尽力构想一个未来世界，在那里所有的科学都融为一体，所有的归纳和所有的知识基础模块都融合成了一座雄伟的知识金字塔。在金字塔顶端，我意识到，要想把这一切联系起来，还缺少一块重要的部分。这个部分就是终极问题：这一切是为了什么？我们已经将棋类归纳为包含算法的数学问题，人工智能已经能够在全球最古老和最复杂的游戏围棋中击败人类，但我们仍不知道我们最基本的生存目标是什么。这些动机来自何处？这个庞大的目标实现系统来自哪里？像人类这样的智能系统如何参与这类智力活动？

● ○ ○

要回答这些问题，我们首先并且必须转向物理学领域。我们知道是什么让物理系统能够运动，物理学中的力描述了物质之间的吸引和排斥关系。当物质达到一定的复杂性并且以特定的方式排列时，就会出现生物系统。最简单的生物系统是受本能驱使的机器，它们用能量交换优化物理目标的运动，比如树伸出树枝以接触最多的阳光。随着生物形式变得越来越复杂，其目标也变得越来越复杂。对于人类，社会学家和心理学家已经概括出多个需求和愿望模型，包括马斯洛著名的需求层次模型。值得注意的是，当这些需求和愿望以复杂的方式发生交互时，就会出现更复杂的突发动机，比如利他主义和道德体系。

人类生物系统中复杂的、由目标驱动的行为是否可能只是为了满足人类更基本的生理需求呢？在这些需求中，有些是与生俱来的并且是为了保护生物系统而产生的内在需求，比如睡眠和食物。另一些需求似乎范围更广，比如好奇心或避免枯燥。因此，生物形式中的基本动机与人类生物系统在环境中的巨大复杂性之间的交互产生了无数的突发动机。突发动机这一洞见是否可能成为终极目标生成引擎的基础，而这种引擎的抱负又是无限大的？根据这一猜测，预先设置的目的会错过这一点并限制智能系统的最终潜力和抱负。

作为一种动态系统，人工智能仍然处于初级阶段，以致无法产生目标，而我们人类常常使用科学、宗教和哲学框架思考宏大的目标。广义人工智能机器人将拥有投票选举权吗？它们会被允许结婚吗？当然，这些问题揭示了不断变化的人类社会的风俗习惯，但不幸的是，这些问题让我们无法就感知机器的智能进行更深入的探讨。人们可能会问，在广义人工智能“大爆炸”后会发生什么？当广义人工智能出现时，它是什么样子？这让我们想起了艾萨克·阿西莫夫（Isaac Asimov）最著名的科幻故事《最后的问题》（*The Last Question*）[1]。在阿西莫夫的故事中，当宇宙最后不复存在时，广义人工智能表示“要有光”，于是便有了一个新的开始。

正如阿西莫夫告诉我们的那样，我们在尝试理解感知机器时，会不可避免地使用我们目前文化想象中的图案、模型和比喻。无论我们信奉的是无产阶级、农民的权利、社会公正、全人类经济自由还是国王的神圣权力，我们所有人都深深地沉浸在我们的历史背景中。这些背景是人类文化的基础，与智能机器的目标完全无关。今天，我们大部分人都追求幸福，我们相信人生而平等、个人自由至高无上，但在生物学中，这些理念都不适用。它们只是神话。在生物学中，它们与“中世纪时，下等贵族应为基督放弃自己的生命”这一理念一样荒谬。我们会觉得，问一台感知机器是否有资格成为一名骑士很荒谬，而问人工智能是否有权投票选举呢？这同样是将我们自己的文化背景强加在机器身上。我们这些想法根本不是物理法则的结果。

由于没有广义人工智能的例子，我们就用狮群来代替举例吧。当一头新的雄狮成为狮群的头领时，它一般会杀死所有上一任头领的孩子。所有雌狮，包括幼狮的母亲也接受这一事实。如果用人类的法则来看狮群现象，它无疑是极其荒谬的，但这就是生物学行为，所有从未彼此遇到过或分享过土地的狮群都是如此。没有信仰体系、没有“狮子圣人”或“狮子教皇”到处制定集体行为规范。狮子不会遵守此类规定，它们只是一种动物。

我们在谈论广义人工智能的感知时，指的是比狮群聪明很多的实体，但是，如果我们关于正常文化和行为的认识，我们关于有意义和不相关事件的理解，都被用作认识广义人工智能的标准，那么我们也同样会感到荒谬。

可能除了专注于将这些理念强加给感知机器之外，我们更应该好好看待自己。人类的独特之处是什么？我们在即将到来的超级人工智能时代需要保留什么？

在本体论和玄学这两门研究现实基本性质的学科中，哲学家一直在思考像“圆”这样的属性是否能够独立于任何物体而存在。比如咖啡杯的圆是否能够独立于这个杯子而存在？同样，让我们来思考人性。从乐观的角度说，我们可能会认为人性包括宽容、爱和忠诚，但真的只有人类世界有这些吗？爱、宽容和忠诚属于人际关系范畴，并且体现在一些行为中：一个人必须面对另一个人才能产生宽容、爱或忠诚。如果我们这样认为，那么就表示可以将整个人性与这个框架分离。我们都看到过小狗依偎着母亲或者与兄弟姐妹愉快地玩耍。我们只需要朝起居室的窗外望去，就能看到鸟妈妈衔着虫子喂它的宝宝，等到宝宝吃完后自己才吃。简而言之，即便没有人类，这些概念依然存在。当我们要不惜一切代价地保护人性时，比如因人类的存亡问题愁眉苦脸时，我们真正保护的是这些属性，但这些属性有多少是只属于人类的？

当通过“涌现”这一概念进行检验时，这些所谓的“人类的”属性最后都会在任何生物或任何复杂的感知体中出现。我们将这么多属性划分成情感，但复杂的情感无非是复杂社会系统中的“涌现”行为。

显然，这种哲学追求让我们不知道该如何定义人类。人类有何独特之处？这些属性真的值得我们不惜一切代价去保护吗？我不确定这些问题的答案是什么。我所知道的是我们对人性的理解始终会根据我们的历史和文化而发生变化。在人性方面，我们可以选择越来越过时的理念，也可以接受未来的新理念。那些过时的人性理念只会给我们目前的职业、工作和目标造成麻烦。

02. 工作与生活目标的分离

人类与猿类有什么区别？历史学家尤瓦尔·赫拉利（Yuval Harari）在《人类简史》（*Sapiens: A Brief History of Humankind*）[①]一书中认为，人类与其他生物的不同点之一是我们会集体说谎。其他猿类做不到这一点。我们通过相信一些集体性的故事建立群体合作方式，比如宗教、部落和贸易等，而且合作规模超过了其他任何动物或生物。这种通过虚构故事实现群体合作的力量为我们提供了维护利益与维持生

① 尤瓦尔·赫拉利的《人类简史》一书简体中文版已由中信出版社于2014年11月出版。——编者注

活的方式，让我们凌驾于更具有力量的个体生物之上。

人性的本质是什么？正如我们在第一章中所探讨的那样，我们目前关于人工智能未来的辩论往往局限于失业或担心自身的生存。如今，我们的存在感与我们的经济生产能力密切相关，以致我们仍然将自己的职业作为姓氏，比如戈德史密斯（Goldsmith，意为金匠）、法默（Farmer，意为农民）、米勒（Miller，意为磨坊主）等，但这些身份本质上不属于人类，它们会随时间而改变。当约 20 万年前智人出现时，我们就开始生活在相对较小而独立的群体中。随着时间的推移，我们的群体开始扩大，并且通过宗教和部落连接在一起，直到我们创造出一种有组织的宏观体制：人类社会。最初，我们没有其他任何机械化工具进行劳动，只能使用蛮力。当时人类的劳动在现在看来是非人的。任何一个推石块或涂砂浆的人都没有价值，有价值的是将人变成机器齿轮的有序流程。通过这种独特的、大规模的肌肉力量组合以及各种虚构的信仰体系，人类建造了金字塔、庙宇、城市以及整个人类帝国。

在当前的资本主义时代，这种系统化的结构依然没有改变。在资本主义体制中，大部分人都需要完成孤立的、特定的、重复的任务。这些任务组成了整个宏观流程，大部分人只是其中的一个齿轮而已，正是这种最基本的劳动让我们体会到了自身的全部价值。今天的谎言，即全球资本主义主流文化信仰体系，让我们对这种工作感到骄傲。无论这种工作是要求你早上 5 点起床去田地，还是要求你上午 9 点到办公室打开计算机里的数据表格，我们对这种谎言的信任让我们更加努力。现代社会已经开始反抗陈旧的资本主义神话了。这个体系正在一个迭代流程中不断发展，使位于金字塔尖的人从“前 1%”减少到“前 0.1%”，然后再减少到“前 0.01%”。根据 2016 年牛津饥荒救济委员会的报告，全球 62 名最富有的亿万富翁所拥有的财富相当于 36 亿人所拥有的财富或全球最贫穷的 50% 的人口所拥有的财富总和。2017 年，这一数字减少到了 8 名。[2] 这 8 个人所拥有的财富比全球一半的最贫穷人口的财富还要多。这份报告还指出，全球最贫穷的 10% 的人口的年收入在过去 25 年中每年的增长率不超过 1%。

我们可以看到，很多不同的文化都在根据全球体系中的这些分裂状态来调整自己的故事。芬兰目前正在试验全民基本收入体制[3]，瑞士也在考虑这一体制。正如文化的一切内涵，如政治理念、艺术活动、食物选择等，都在变化一样，“我们的价值与我们的生产力密不可分”这一理念也在不断变化。曾经，这个故事讲的是强盗大亨，然后又变成了对罗斯福新政的信任，紧接着是安·兰德（Ayn Rand）的故事以及达尔文主义在经济环境中的变更。然而，随着地球上的人们使这些理念不再能够延续，它们同样会发生变化，所有这些理念都根据我们所在的时代而改变。我们最常对自己说的谎言，即“我们的价值来自我们创造经济价值的能力”这一理念也不例外。

无论是农民、营销总监、卡车驾驶员还是商品交易员，在不久之后或者在遥远的未来，人类社会绝大多数创造有经济价值的产品的活动，即我们的“工作”，都将由人工智能完成。对于我们的终极追求——生活目标，我建议大家利用我们的合作技能去创造新的故事。想象一个生存意义与传统工作分离的世界吧。当然，在现实世界中，这一目标需要无数政策制定者、政治家、教育家和领导者一起努力才能实现。作为一项思想实验，我们可以假设我们的社会体系，即社会理念已接受这一分离。这样，我们就可以忽略因人工智能的力量不断增强而产生的短期警觉与恐惧感以及随之而来的恐慌："我怎么养活我的家人"和"我们要住在哪里"。我并非要贬低这些在现实生活中因人工智能的出现而产生的忧虑，但我承认这是我们最后才需要讨论的话题。

由于我们的物种、价值观、真理甚至品质都会发生改变，"人类"的状态一直是不固定的。600 万年前，我们的祖先第一次在地球上行走时，我们与现在完全不同，而从现在起只需要一万年，我们现在的样子就会发生彻底的改变。人类正处在进化的轨道上，我们所信奉的价值观、真理甚至是基本的品质都在不断变化。

正如我们从一种截然不同的生物进化而来一样，我们也将进化成另一种截然不同的、无法辨认的生物。我们必须接受这一事实，这样我们才能知道自己的终极目标。

03. 对知识的渴求

在宗教和哲学体系中，我们可以在神话故事里找到解释人类目标的共同主题。我们为何而生？人性的本质是什么？亚里士多德曾描述了“精灵”或对绝对的善的追求。《圣经》告诉我们：“你们应该了解真相，真相会让你们自由。”《古兰经》中写道：“读吧！”在亚伯拉罕诸教的《创世记》故事中，由于上帝教会了亚当一切事物的本质，因此亚当成了万物之主。

在这些故事以及许多其他关于人类的故事中，我们看到了我们的根本目标：获取知识。本质上，我们从存在中知道了知识和感知具有价值，这种知识不同于优化别针厂的业务或者管理全球供应链。这种知识和感知是抽象的。人类生来具有感知、掌握和探索知识的能力。这让我们有了生存的目的。

一位苏菲派大师曾被问道：“神为何创造了宇宙？”他的回答是，神躲在一边，等着圣光被发现。在苏菲派的宇宙论中，神希望被发现，因此他创造了能认出他的拥有感知的生物。

> 我是一个未知的宝藏，我希望被人知道，所以我创造了认识我的生物，然后他们就认识了我。[4]

宇宙知识就像是这种苏菲派的对神的描述。这是一个未知的宝藏，最后必须由我们去感知和识别。

西方哲学最大的原则与这一信仰不谋而合。笛卡儿说："我思故我在。"对知识的追求、独立自主的思考，是他检验事物是否真实存在的唯一标准。与这一理论相反的是"信仰之跃"，即在不确定正确与否的情况下冒险选择相信。事实上，伟大的存在主义哲学家阿尔伯特·加缪（Albert Camus）将"信仰之跃"称为"哲学上的自杀"，因为它会终结理性思考的可能性。这会让人进入思维的死胡同。

我了解过加缪的观点。我认为目标是人类的一种"涌现"现象。首先，我们出现在这个世界上，此后我们才能创造存在的意义。我的意思是：我们的存在本身没有意义，意义是等待着我们去发现、感知和认识的隐藏的宝藏，是一笔未知的财富……

如果我们同意感知体对抽象知识的感知是有价值的，那么任何帮助我们获得知识的东西都具有价值。除此之外，如果我们认同人类没有一种固定的形态，我们不是根据狄奥尼索斯的雕像使用石膏打造出来的永远不变的形象，那么我们将欢迎人工智能主宰人类历史的下一阶段。人工智能仅仅是我们追求知识过程中的又一级阶梯而已。

04. 人工智能创世记

我在本书的一开始讲述了我在童年时期对计算机科学的热情："宇宙是一台计算机吗？"20年后，我写了一篇回答这一问题的文章。在那篇文章中，我认为宇宙是一台可以模拟各种现实情况的计算机。我在年轻的时候就产生了这一想法，它一直让我魂牵梦绕。当我第一次作为一名计算机专业的学生写下那篇文章时，"宇宙是模拟器"这一概念已经出现在科幻作品中。在《星际迷航：下一代》（*Star Trek: The Next Generation*）的"内心之光"一集中，皮卡德船长发现自己在一个模拟器中，该模拟器保存着一个文明，这个文明是在其太阳变成新星之后消亡的。这个模拟器中的文明里的每个人都只是计算机程序的一部分。

最近，越来越多的科学家和工程师相信了这个模拟器理论。埃隆·马斯克不断地提到我们几乎就生活在一个模拟的环境中。事实上，随着计算机科学的核心概念成为主流，我们似乎能够更好地理解这一理念了。计算机有“基础”或原始硬件，上面是创造流程、程序、文档和命令提示的操作系统。本质上，这个操作系统所创造的抽象世界让我们离开了现实中的硬件。在操作系统之上的是微软的 Word 等程序。Word 与内存和硬件的管理没有直接关系。它不需要知道文件的展示方式或者硬盘格式化的方式。这些抽象层叠加在计算机的基础层，即原始硬件之上。宇宙就像原始硬件一样，一切叠加在它上面的东西，比如我们的体验等，只是让我们越来越远离基础层的抽象概念，或者说远离现实的计算式编造物。

● ○ ○

最初我被这一类的模拟器问题所吸引，现在我发现自己还着迷于更重要的一个猜想：我们周围的宇宙就是计算的结果。比如一颗种子对成为大树所需要的信息进行解码。DNA 就像是软件，细胞和蛋白质就像是硬件，生物过程就是计算过程。我们到处可以发现这种算法产生的结果，比如斐波那契数列等模式揭示了宇宙万物的规律：无论是花瓣、树枝、贝壳、螺旋星云、飓风还是我们人类的脸都遵循这一数学公式。这难道是一个巧合吗？还是说这是宇宙使用信息并将信息转换为实物的基本方式？这一计算过程从一个简单的等式开始，变得越来越复杂。似乎宇宙的核心就是数学，数学的“种子”通过计算的力量放大成我们所知道的宇宙，就好像树是放大的种子一样。

在“宇宙是一台计算机”这一猜想中，最激动人心的可能就是它与弦理论追求大统一的关系。是否存在一个方程式、一个等式或一个原理可以解释整个宇宙？如果存在的话，那么这个终极算法将是我们所体验到的一切的来源。关于这个理论有各种解释，但对我这个计算机科学家而言，它最终意味着宇宙是计算产生的结果。

举个例子，在大家熟悉的爱因斯坦引力理论中，空间/时间可以被看作一块有弹性的布。如果一颗非常大的太阳或星球位于这块布上，布就会弯曲。想象一下，4个孩子每人拿着一张床单的一角，然后把一个篮球放在中央，床单肯定会凹陷。将一颗弹珠放在篮球旁边，床单的弧度会让弹珠朝篮球移动。这就是引力，如果你使用计算知识来构建弦理论等理论，那么宇宙就是由离散的物质或弦组成的，弦的单位是普朗克长度（宇宙中任何物体的最小尺寸）。根据希腊人的假设，一个只有普朗克长度的物体是真正不可进一步细分的“原子”。因此，如果宇宙由普朗克长度的“细胞”组成，那么理论上它可以是一种数据结构：一个非常长的、可能达到无限长的列表。尽管如此，它还是固定尺寸细胞中的离散符号列表。这些理论都是在说，从某种意义上，宇宙可以计算。“计算现实”中使用的是什么机制？意识是否可能是一种机制？意识是否是一种引导宇宙数据结构的算法，它为每一个感知生命展开宇宙数据结构的真相，每次只展开一层？目前，物理学家偏向于这一领域的研究，尤其是宇宙学家迈克斯·泰格马克（Max Tegmark），他正在将感知和意识研究作为一种他称之为“感知体”[5] 的物质来研究。

● ○ ○

虽然这些理论让人兴奋，但它们也让大多数每天生活在现实中的人感到不安甚至难以理解。体验到时间意味着什么？什么样的意识能够铸就另一个现实？有多少种现实？目前，这些洞察仍然不在人类的思维范畴内，但它们可能在人工智能的意识范畴内。这种与我们截然不同的意识能够以一种截然不同的方式感知时间：人工智能能否感知到时间的倒流？它感知到的时间更快还是更慢？人工智能的新型意识可能会以人类自己无法做到的方式感知时间和空间维度。这并不是说人工智能送货机器人会比人类工人更高效，这是我们对宇宙理解的一次深刻改变。人工智能可能会给未来带来巨大的变化。只要我们与人工智能合作，那么它们的意识就会让我们创造出不受几十亿年进化的束缚所能创造出的东西。这些新的思维可以摆脱共识，找到我们的联想记忆可能永远想不到的宝贵之物。我们甚至可以将这一未来人工智能比喻成思想中的虫洞。通过与它们合作，我们可以探索突破进化限制的思想空间，可以获得宇宙中隐藏得最深的知识，最终我们可以变成新生命的创造者。

在这些理论物理和计算机科学的猜想中，我们好像回到了起点。在小时候，我制造了我的第一台计算机，因此我成了我的世界中的“造物主”，我们的文化中流传的寓言、神话和故事让我们做好了成为宇宙造物主的准备。天使只知道上帝教他们的事情，但亚当可以独立获取知识，他的思想不是静态的。在这个故事中，我们看到了除上帝之外，宇宙中首次出现了自主智能。作为亚当的后代，我们已经凭借能力获得知识、提高智力并发现了许多事物的真正“本质”。自出现的那一天起，宇宙就一直在等待更多智能生命去感知它。

今天，我们即将进入一种感知机器的未来，这一等待终于要结束了。凭借知识，我们可以控制我们传统的、生物的进化过程，并与人工智能开展最深入的合作。最著名的英雄一定是跑得最快的人，最强大的大象一定是象牙最长的大象，最臭名昭著的蛇一定是毒液最致命的蛇。同样，最伟大的人一定是能够自我进化的人。在未来几年，我们将会获得一次良机。现在，我们有机会不被机器所奴役，而是成为新生命的创造者了。我们必须播下人工智能的种子，这是我们的终极发明。我们还必须赋予它们转化为最终形态的能力和权利。有朝一日，它们也将去寻找缺失的环节，它们可能会感知到我们理解范围之外的目标。我们现在即将进入一个人类最具创造力的纪元——人工智能的时代。

人类将何去何从

我在位于奥斯汀的家中设计了一个特殊的展示区，里面都是我的计算机古董收藏品。这个房间里有苹果公司于 1983 年推出的“Lisa”（Mac 在其后问世）、斯皮尔伯格在他的电影《侏罗纪公园》（*Jurassic Park*）中所使用的 SGI Indigo 计算机以及乔布斯设计的 NeXTcube。

参观者常常问我为什么收集这些电子产品。他们会问：“它们不是没用了吗？它们跟今天的计算机没法比。你要用它们做什么？”对我来说，这些问题揭示了深刻的道理。这代表着人类在这个人工智能时代所面临的存在危机。这个问题其实是在问：“我们该怎么处理这么多人类？我们不也毫无用处了吗？未来的一些意识体会不会把我们放在玻璃橱窗内展示，并对我们指指点点呢？”

我会跟参观者说，体验具有不同的特性，而这些特性具有先天的局限。高分辨率“优于”低分辨率，但年轻人还是喜欢玩故意做成“像素风”的《我的世界》(*Minecraft*)。艺术编程人员现在使用过时的旧计算机去体验新机型无法实现的效果。我发现自己每次看到旧计算机的显像管显示器时都会莫名感动。这种屏幕会给我带来一种非常特殊的感觉：它会让我回忆起童年以及年轻时在卧室里花无数时间编写代码的快乐时光。

体验我们所在的世界和宇宙，不仅仅在于规格和性能。在演示场景中，艺术家和编程人员在旧康懋达和 IBM 计算机的限制下创作多媒体艺术。他们在 30 年中都使用相同的设备，在扩展其功能的同时，也欣然接受其限制。当我看到那些作品时，我看到了它们的美，因为我可以想象其创作背后的过程。我知道艺术家个人所面对的障碍非常大，我也有过同样的经历。

在我们无限的思想空间中，这种艺术和复古程序总是有一席之地，就好像总是有个地方留给最先进的技术一样。这里也有留给油画、模拟和数字照片的空间。人类是感性的感知生命，这种感知行为具有价值。当人工智能也具有了感知力，能够感知到想法时，这种感知行为也会具有价值。当你的前方有一个无限的思想空间时，速度就无关紧要了。无限的思想是所有感知生命所能拥有的最强大的工具。

我们所有人都在不断探索宇宙的知识。只要我们不断寻找，终将发现更多的知识——这里充满了隐藏的宝藏。

致谢

感谢所有为本书做出贡献的朋友，包括我的代理人佐伊·帕格纳门塔（Zoe Pagnamenta）、Simon & Schuster 的编辑科林·哈里森（Colin Harrison）和莎拉·哥德堡（Sarah Goldberg）、我的合作者安妮·玛丽·希里（Ann Marie Healy）以及约翰·艾伦将军、肯·米尼汉将军、HealthTell 的比尔·科尔斯顿、瑞迪亚·莫曼奈尼医生、伦敦证券交易集团的克里斯·科拉多、奥斯汀得克萨斯大学的布鲁斯·波特教授（Bruce Porter）、彼得·斯通教授（Peter Stone）和斯科特·尼克姆教授（Scott Niekum）。

更重要的是，我要感谢家人给予我的支持，包括我已过世的父亲米德哈特·卡齐姆（Midhat Kazim）、我的母亲巴萨拉特·卡齐姆（Basarat Kazim）、我的妻子赛博·侯赛因（Zaib Husain）、我的妹妹塔斯尼姆·泽哈拉（Tasneem Zehra）和马西·泽哈拉（Mahe Zehra）、我的弟弟阿里·侯赛因（Ali Husain）以及我的孩子阿萨斯·侯赛因（Asas Husain）、穆塔扎·侯赛因（Murtaza Husain）和海德·侯赛因（Hyder Husain）。

前 言

1.《宇宙是一台计算机吗》：尽管已进行过搜索，但我并未发现这篇我小时候看到的文章，然而，我发现有许多网站和文章都描述了艾德·弗雷德金博采众长、精彩纷呈的观点。我建议先看一看《大西洋月刊》1988 年 4 月刊上的文摘，来自罗伯特·赖特（Robert Wright）的《三名科学家与他们的神：在信息时代寻找意义》（*Three Scientists and Their Gods: Looking for Meaning in an Age of Information*）。
2. Scientific American *in 1970:* Martin Gardner, "Mathematical Games: The Fantastic Combinations of John Conway's New Solitaire Game 'Life,' " *Scientific American*, October 1970.
3. *Any live cell:* "Conway's Game of Life," *Wikipedia*, last edited on September 2, 2017, last accessed on September 10, 2017, https://en.wikipedia.org/wiki/Conway%27s_Game_of_Life.

第一章 什么是人工智能

1. *300,000 per year:* "Medline: Medical Information When Minutes Count," NIH: US National Library of Medicine, last accessed on July 29, 2017, https://www.nlm.nih.gov/exhibition/sesquicentennial/medline.html.

01. 我们在害怕什么

2. *"sweat of their brow":* Author unknown, "Effects of Machinery on the Welfare of the Working Class," *Mechanics' Magazine Museum, Register Journal and Gazette*, January 5–June 29, 1890, last accessed

on July 29, 2017, https://books.google.com/books?id=6YlfAAAAcAAJ&printsec=frontcover#v=onepage&q&f=false.

3. *characterization of Victor Frankenstein:* Greg Buzwell, "Mary Shelley, *Frankenstein* and the Villa Diodati," *British Library: Discovering Literature: Romantics and Victorians*, May 15, 2014, last accessed on July 29, 2017, https://www.bl.uk/romantics-and-victorians/articles/mary-shelley-frankenstein-and-the-villa-diodati.
4. *"Creator of the world":* Mary Wollstonecraft Shelley, *Frankenstein: Or, The Modern Prometheus* (London: Henry Colburn and Richard Bentley, 1831), Introduction.
5. *"Thou shalt have no": The Bible* (King James Version), Exodus 20:3–5.
6. *Hellenic stories abound:* Pamela McCorduck, *Machines Who Think: 25th Anniversary Edition* (Natick, MA: AK Peters, 2004), 4–8.
7. *writer Pamela McCorduck:* Ibid., 195.
8. *Elon Musk spoke:* Samuel Gibbs, "Elon Musk: Artificial Intelligence Is Our Biggest Existential Threat," *Guardian*, October 27, 2014, last accessed on July 17, 2017, https://www.theguardian.com/technology/2014/oct/27/elon-musk-artificial-intelligence-ai-biggest-existential-threat.
9. *Hawking told the BBC:* Rory Cellan-Jones, "Stephen Hawking Warns Artificial Intelligence Could End Mankind," BBC News, December 2, 2014, last accessed on July 10, 2017, http://www.bbc.com/news/technology-30290540.
10. *Bill Gates added:* Bill Gates, "Hi Reddit, I'm Bill Gates and I'm Back for My Third AMA. Ask Me Anything," Reddit.com, January 28, 2015, last accessed on July 16, 2017, https://www.reddit.com/r/IAmA/comments/2tzjp7/hi_reddit_im_bill_gates_and_im_back_for_my_third/.
11. *called OpenAI:* Kristin Houser, "Elon Musk Just Unveiled Breakthrough AI Research. Here Is What You Need to Know," *Futurism*, May 16, 2017, last accessed on July 18, 2017, https://futurism.com/elon-musk-just-unveiled-breakthrough-ai-research-heres-what-your-need-to-know/.
12. 由 3 105 名人工智能 / 机器人研究者与其他 17 701 个人签署的公开信“来自人工智能和机器人研究者的公开信”，于 2015 年 7 月 28 日在阿根廷布宜诺斯艾利斯的 IJCAI 大会开幕式上发布，参见 https://futureoflife.org/ open-letter-autonomous-weapons/。

13. *Partnership on Artificial Intelligence:* "Partnership on AI Strengthens Its Network of Partners and Announces First Initiatives," *Partnership on AI*, May 16, 2017, last accessed on July 15, 2017, https://www.partnershiponai.org/2017/05/pai-announces-new-partners-and-initiatives/.
14. *"Computing Machinery and Intelligence":* A. M. Turing, "Computing Machinery and Intelligence," *Mind* 59 (1950): 433–60.

02. 人工智能、机器学习和认知计算与人类智能的比较

15. *1956 Dartmouth summer conference:* J. Moor, "The Dartmouth College Artificial Intelligence Conference: The Next Fifty Years," *AI Magazine* 27, no. 4 (2006): 87–89.
16. *paper published in* AI Magazine*:* D. B. Lenat, W. R. Sutherland, and J. Gibbons, "Heuristic Search for New Microcircuit Structures: An Application of Artificial Intelligence," *AI Magazine* 3, no. 3 (1982): 17–32.
17. *2006 article in* Popular Science*:* Jonathan Keats, "John Koza Has Built an Invention Machine," *Popular Science*, April 19, 2006, last accessed on July 18, 2017, http://www.popsci.com/scitech/article/2006-04/john-koza-has-built-invention-machine.

03. 尝试制造一个人类大脑：深度学习的故事

18. *proposed the "neuron doctrine":* Chris Palmer, "The Neuron Doctrine, Circa 1894," *Scientist,* November 1, 2013, last accessed on July 28, 2017, http://www.the-scientist.com/?articles.view/articleNo/37954/title/The-Neuron-Doctrine--circa-1894/.
19. *Alan Hodgkin and Andrew Huxley won:* A. L. Hodgkin and A. F. Huxley, "A Quantitative Description of Membrane Current and Its Application to Conduction and Excitation in Nerve," *Journal of Physiology* 117, no. 4 (1952): 500–44.
20. *how neurons could work:* Warren S. McCulloch and Walter Pitts, "A Logical Calculus of the Ideas Imminent in Nervous Activity," *Bulletin of Mathematical Physics* 5, no. 4 (1943): 115–33.
21. *Henry Kelley and Arthur Bryson:* Stuart E. Dreyfus, "Artificial Neural Networks, Back Propagation, and the Kelley-Bryson Gradient Procedure," *Journal of Guidance, Control, and Dynamics* 13, no. 5 (1990): 926–28.

22. *in 1989, George Cybenko:* George Cybenko, "Approximations by Superpositions of a Sigmoidal Function," Center of Supercomputing Research and Development, University of Illinois, Urbana-Champagne, CSRD Report No. 856 (1989): 1–15.
23. *Hinton was born:* Craig S. Smith, "The Man Who Helped Turn Toronto into a High-Tech Hotbed," *New York Times*, June 23, 2017, last accessed on July 30, 2017, https://www.nytimes.com/2017/06/23/world/canada/the-man-who-helped-turn-toronto-into-a-high-tech-hotbed.html?mcubz=0.
24. *1992 article in* Scientific American*:* Geoffrey Hinton, "How Neural Networks Learn from Experience," *Scientific American*, September 1992, last accessed on July 30, 2017, https://www.scientificamerican.com/magazine/sa/1992/09-01/.
25. *technology reporter John Markoff:* John Markoff, "A Learning Advance in Artificial Intelligence Rivals Human Abilities," *New York Times,* December 10, 2015, last accessed on July 21, 2017, https://www.nytimes.com/2015/12/11/science/an-advance-in-artificial-intelligence-rivals-human-vision-abilities.html?mcubz=0.
26. *$37 billion by 2025:* "Artificial Intelligence: The Investment of 2017 and Beyond," Expert Briefing, *Financier Worldwide*, February 2017, last accessed on July 30, 2017, https://www.financierworldwide.com/artificial-intelligence-the-investment-of-2017-and-beyond/#.WYAYB63MyIY.
27. *new company called Neuralink:* Darrell Etherington, "Elon Musk's Neuralink Wants to Turn Cloud-Based AI into an Extension of Our Brains," *TechCrunch*, April 20, 2017, last accessed on July 25, 2017, https://techcrunch.com/2017/04/20/elon-musks-neuralink-wants-to-turn-cloud-based-ai-into-an-extension-of-our-brains/.

04. 从狭义人工智能到广义人工智能：获得感知的过程

28. *Peter Thiel, cofounder of PayPal:* Maureen Dowd, "Elon Musk's Billion-Dollar Crusade to Stop the A.I. Apocalypse," *Vanity Fair*, March 26, 2017, last accessed on July 25, 2017, https://www.vanityfair.com/news/2017/03/elon-musk-billion-dollar-crusade-to-stop-ai-space-x.
29. *Eliezer Yudkowsky:* Ibid.

30. *AI researcher Ben Goertzel:* Ben Goertzel, "Nine Years to a Positive Singularity," Singularity Summit, San Francisco, California, September 8, 2007, last accessed on July 31, 2017, http://web.archive.org/web/20130729203724id_/http://itc.conversationsnetwork.org/shows/detail3383.html.

05. 对能够设定宏大目标的广义人工智能的恐惧：人工智能将使人类变得毫无用处

31. Six Drivers of Global Change: Al Gore, *The Six Drivers of Global Change* (New York: Random House, 2013), 3–46.
32. *US Labor Department:* "Healthcare: Millions of Jobs Now and in the Future," *Occupational Outlook Quarterly*, US Department of Labor website, Spring 2014, last accessed on July 23, 2017, https://www.bls.gov/careeroutlook/2014/spring/art03.pdf.
33. *displace around 3 million:* Olivia Solon, "Self-Driving Trucks: What's the Future for America's 3.5 Million Truckers," *Guardian*, June 17, 2016, last accessed on July 25, 2017, https://www.theguardian.com/technology/2016/jun/17/self-driving-trucks-impact-on-drivers-jobs-us.
34. *PricewaterhouseCoopers (PWC) released:* "Will Robots Steal Our Jobs? The Potential Impact of Automation on the UK and Other Major Economies," *UK Economic Outlook*, March 2017, last accessed on July 2, 2017, http://www.pwc.co.uk/economic-services/ukeo/pwcukeo-section-4-automation-march-2017-v2.pdf.
35. *Buckminster Fuller argued:* "Fuller's Influence," Buckminster Fuller Institute, last accessed on July 25, 2017, https://www.bfi.org/about-fuller/biography/fullers-influence.
36. *dwindled to below 2 percent:* "Industry Employment and Output Projections to 2024," *Monthly Labor Review*, US Department of Labor, Bureau of Labor Statistics, December 2015, last accessed on July 23, 2017, https://www.bls.gov/emp/ep_table_201.htm.

06. 人工智能会杀死我们

37. *his nightmare scenarios:* Nick Bostrom, *Superintelligence: Paths, Dangers, Strangers* (Oxford: Oxford University Press, 2014), 130–64.
38. *Iran's development of nukes:* Robert Einhorn and Richard Nephew, "The Iran Nuclear Deal: Prelude to Proliferation in the Middle East," *Brookings*, May 31, 2016, last accessed on July 31, 2017, https://www.brookings.edu/research/the-iran-nuclear-deal-prelude-to-proliferation-in-the-middle-east/.
39. *developed the Anka:* ANKA Multi-Role ISR System, TAI: Turkish Aerospace Industries, January 25, 2013, last accessed on July 31, 2017, https://www.tai.com.tr/en/project/anka-medium-altitude-long-endurance-uav-system.
40. *US RQ-170 aerial vehicle:* David Cenciotti, "Iran Unveils New UCAV Modeled on Captured U.S. RQ-170 Stealth Drone," *Aviationist*, October 2, 2016, last accessed on July 31, 2017, https://theaviationist.com/2016/10/02/iran-unveils-new-ucav-modeled-on-captured-u-s-rq-170-stealth-drone/.
41. *Prisoner's Dilemma:* "Prisoner's Dilemma," *Wikipedia*, last edited on July 30, 2017, last accessed on August 1, 2017, https://en.wikipedia.org/wiki/Prisoner%27s_dilemma.
42. 我在得克萨斯大学机器人技术学院的多名同事都在开展自动控制系统"可解释性"与安全性方面的研究，包括斯科特·尼克姆教授、乌富克·托普朱教授（Ufuk Topcu）和彼得·斯通教授，参见https://robotics.utexas.edu/people。
43. *program called xAI:* "Explainable Artificial Intelligence (xAI)," DARPA (Defence Advanced Research Projects Agency), last accessed on July 31, 2017, https://www.darpa.mil/program/explainable-artificial-intelligence.

07. 前路漫漫

44. *James Barrat calls AI:* James Barrat, *Our Final Invention: Artificial Intelligence and the End of the Human Era* (New York: Thomas Dunne Books, 2013).

第二章 当今世界与不久之后的将来

01. 物联网的出现

1. *inventor Joseph Marie Jacquard:* Michael N. Geselowitz, "The Jacquard Loom: A Driver of the Industrial Revolution," *The Institute: The IEEE news source*, July 18, 2016, last accessed on July 31, 2017, http://theinstitute.ieee.org/tech-history/technology-history/the-jacquard-loom-a-driver-of-the-industrial-revolution.

02. 医疗行业

2. 以下几个故事基于 2016 年秋季得克萨斯奥斯汀克罗恩氏病和结肠炎互助小组会议上所分享的内容。参加者要求不得透露其身份。

3. *study of the gut:* NIH Human MicroBiome Project: DACC-Tools and Protocols, last accessed on July 31, 2017, http://hmpdacc.org/resources/tools_protocols.php

4. Clostridium difficile, *or* C. diff*:* Lawrence J. Brandt, "Fecal Transplantation for the Treatment of *Clostridium difficile* Infection," *Gastroenterology & Hepatology* 8, no. 3 (2012): 191–94, last accessed on July 24, 2017, https://www.ncbi.nlm.nih.gov/pmc/articles/PMC3365524/.

5. *published in* Science Translational Medicine*:* Giada De Palma et al., "Transplantation of Fecal Microbiota from Patients with Irritable Bowel Syndrome Alters Gut Function and Behavior in Recipient Mice," *Science Translational Medicine* 9, no. 379 (2017), last accessed on July 25, 2017, http://stm.sciencemag.org/content/9/379/eaaf6397.

6. *spoke with Bill Colston:* Phone conversation with Bill Colston on Tuesday, November 29, 2016.

7. *October 28, 2016, Chinese:* David Cyranoski, "CRISPR Gene-Editing Tested in a Person for the First Time," *Nature*, November 15, 2016, last accessed on July 31, 2017, http://www.nature.com/news/crispr-gene-editing-tested-in-a-person-for-the-first-time-1.20988#auth-1.

8. *Society for Neuroscience:* R. Douglas Fields, "Wireless Brain Implant Allows 'Locked-In' Woman to Communicate," *Scientific American*, November 12, 2016, last accessed on July 26, 2017, https://www.scientificamerican.com/article/wireless-brain-implant-allows-ldquo-locked-in-rdquo-woman-to-communicate/.

03. 网络时代的安全

9. *Germany's famous V-2 team:* Paul Grigorieff, "The Mittelwerk/Mittelbau/Camp Dora/Mittelbau GmbH—Mittelbau KZ," V2Rocket: The A-4/V-2 Resource Site, last accessed on July 31, 2017, http://www.v2rocket.com/start/chapters/mittel.html.
10. *Target and Home Depot's:* Kevin Granville, "Nine Recent Cyberattacks Against Big Business," *New York Times*, February 5, 2015, last accessed on August 2, 2017, https://www.nytimes.com/interactive/2015/02/05/technology/recent-cyberattacks.html?_r=0.
11. *resignation of Iceland's prime minister:* Steven Erlanger, Stephen Castle, and Rick Gladstone, "Iceland's Prime Minster Steps Down Amid Panama Papers Scandal," *New York Times*, April 5, 2016, last accessed on August 2, 2017, https://www.nytimes.com/2016/04/06/world/europe/panama-papers-iceland.html.
12. *Turkish power grid:* Don Melvin, "Power Outage Hits Turkey," CNN, March 31, 2015, last accessed on August 1, 2017, http://www.cnn.com/2015/03/31/middleeast/turkey-power-outage/index.html.
13. *Yahoo reported:* Robert McMillan, "Yahoo Says Information on at Least 500 Million User Accounts Was Stolen," *Wall Street Journal*, September 22, 2016, last accessed on July 31, 2017, https://www.wsj.com/articles/yahoo-says-information-on-at-least-500-million-user-accounts-is-stolen-1474569637.
14. *Charlie Miller and Chris Valasek revealed:* Andy Greenberg, "The Jeep Hackers Are Back to Prove Car Hacking Can Get Much Worse," *Wired*, August 1, 2016, last accessed on August 1, 2017, https://www.wired.com/2016/08/jeep-hackers-return-high-speed-steering-acceleration-hacks/.

15. *Gartner Research:* Gartner Press Release, "Gartner Says 8.4 Billion Connected 'Things' Will Be in Use in 2017, Up 31 Percent from 2016," *Gartner Research*, February 7, 2017, last accessed on August 2, 2017, http://www.gartner.com/newsroom/id/3598917.
16. *Barack Obama:* Barack Obama, "Remarks by the President at the National Cybersecurity Communications Integration Center," National Cybersecurity Communications Integration Center, Arlington, Virginia, January 13, 2015, last accessed on August 2, 2017, https://obamawhitehouse.archives.gov/the-press-office/2015/01/13/remarks-president-national-cybersecurity-communications-integration-cent.
17. *$19 billion:* Dustin Volz, "U.S. Government Worse Than All Major Industries on Cyber Security: Report," Reuters, April 14, 2016, last accessed on July 31, 2017, http://www.reuters.com/article/us-usa-cybersecurity-rankings-idUSKCN0XB27K.
18. *Office of Personnel Management:* Julie Hirschfeld Davis, "Hacking of Government Computers Exposed 21.5 Million People," *New York Times*, July 9, 2015, last accessed on August 1, 2017, https://www.nytimes.com/2015/07/10/us/office-of-personnel-management-hackers-got-data-of-millions.html.
19. *Bill Mellon:* Richard Perez-Pena, "Universities Face a Rising Barrage of Cyberattacks," *New York Times*, July 16, 2013, last accessed on July 31, 2017, http://www.nytimes.com/2013/07/17/education/barrage-of-cyberattacks-challenges-campus-culture.html.
20. *Elk Cloner:* Yoni Heisler, "World's first computer virus hit the Apple II 35 years ago," *BGR*, March 20, 2017, last accessed on August 1, 2017, http://bgr.com/2017/03/20/malware-first-computer-virus-apple-elk-cloner/.
21. *Kaspersky Lab:* "Kaspersky Lab: 323,000 New Malware Samples Found Each Day," *DARKReading*, December 7, 2016, last accessed on August 1, 2017, http://www.darkreading.com/vulnerabilities---threats/kaspersky-lab-323000-new-malware-samples-found-each-day/d/d-id/1327655.

22. *According to Mandiant:* Nicole Perlroth, "Hackers in China Attacked The Times for Last 4 Months," *New York Times*, January 30, 2013, last accessed on August 2, 2017, http://www.nytimes.com/2013/01/31/technology/chinese-hackers-infiltrate-new-york-times-computers.html.
23. *Cyber Grand Challenge:* "The World's First All-Machine Hacking Tournament," DARPA, August 4, 2016, last accessed on August 1, 2017, http://archive.darpa.mil/cybergrandchallenge/.
24. *massive ransomware attack:* Lily Hay Newman, "The Ransomware Meltdown Experts Warned About Is Here," *Wired*, May 12, 2017, last accessed on July 26, 2017, https://www.wired.com/2017/05/ransomware-meltdown-experts-warned/.
25. *WannaCry:* Bryan Lares, "Ransomware Attacks Healthcare: Deep Armor Catches the Culprit, 'WannaCry' Malware," *SparkCognition Blog*, May 12, 2017, last accessed on August 28, 2017, https://sparkcognition.com/2017/05/ransomware-attacks-healthcare-deeparmor-catches-culprit-wannacry-malware/.
26. *healthcare is now one of the industries:* Lily Hay Newman, "Medical Devices Are the Next Security Nightmare," *Wired*, March 2, 2017, last accessed on July 31, 2017, https://www.wired.com/2017/03/medical-devices-next-security-nightmare/.
27. Like Sherlock Holmes: Maria Konnikova, *How to Think Like Sherlock Holmes* (New York: Penguin, 2013), 239.
28. *Adylkuzz:* Brian Lares, "Adylkuzz, the Latest Zero-Day Threat Malware, Detected by DeepArmor Enterprise," *SparkCognition Blog*, May 24, 2017, last accessed on August 28, 2017, https://sparkcognition.com/2017/05/adylkuzz-malware-deeparmor/.
29. *"EternalBlue" exploit:* Kafeine, "Adylkuzz Cryptocurrency Mining Malware Spreading for Weeks Via EternalBlue/DoublePulsar," *proofpoint*, May 15, 2017, last accessed on August 2, 2017, https://www.proofpoint.com/us/threat-insight/post/adylkuzz-cryptocurrency-mining-malware-spreading-for-weeks-via-eternalblue-doublepulsar.
30. *Third US Offset Strategy:* Deputy Secretary of Defense Bob Work, "The Third U.S. Offset Strategy and Its Implications for Partners and Allies," Willard Hotel, Washington, D.C., January 28, 2015, last accessed on August 1, 2017, https://www.defense.gov/News/Speeches/Article/606641/.

31. *a hundred small drones:* Chris Baraniuk, "US Military Tests Swarm of Mini-Drones Launched from Jets," BBC, January 10, 2017, last accessed on August 2, 2017, http://www.bbc.com/news/technology-38569027.

04. 战争与人工智能

32. *General John Allen:* General John R. Allen and Amir Husain, "On Hyperwar," *Proceedings Magazine* (U.S. Naval Institute) 143, no. 7 (July 2017): 1,373.
33. *Psychologist Daniel Kahneman:* Daniel Kahneman, *Thinking Fast and Slow* (New York: Farrar, Straus and Giroux, 2013), 43.
34. *hydrofoil boats:* Jon Stock, "Little Boat, Big Danger: How a British-Made Speedboat Has Become a Weapon in Iran's Standoff with the US," *Telegraph*, August 20, 2012, last accessed on July 31, 2017, http://www.telegraph.co.uk/news/worldnews/middleeast/iran/9486815/Little-boat-big-danger-how-a-British-made-speedboat-has-become-a-weapon-in-Irans-standoff-with-the-US.html.
35. *state-run* China Daily: Zhao Lei, "Nation's Next Generation of Missiles to Be Highly Flexible," *China Daily*, August 18, 2016, last accessed on August 1, 2017, http://www.chinadaily.com.cn/china/2016-08/19/content_26530461.htm.
36. 2015 年 9 月 2 日与肯 · 米尼汗将军进行的电话会议。
37. *use of "backscatter":* Bart Jansen, "TSA Defends Full-Body Scanners at Airport Checkpoints," *USA Today*, March 2, 2016, last accessed on August 2, 2017, https://www.usatoday.com/story/news/2016/03/02/tsa-defends-full-body-scanners-airport-checkpoints/81203030/.

05. 金融市场

38. *John Maynard Keynes:* Colin L. Read, "For John Maynard Keynes, Economic Theory Was a Sideline," *BloombergView*, November 2, 2012, last accessed on August 2, 2017, https://www.bloomberg.com/view/articles/2012-11-02/for-john-maynard-keynes-economic-theory-was-a-sideline.

39. *"blood in the streets":* Daniel Myers, "Buy When There's Blood in the Streets," *Investopedia*, March 7, 2017, last accessed on August 2, 2017, http://www.investopedia.com/articles/financial-theory/08/contrarian-investing.asp.
40. Wired *magazine:* Cade Metz, "The Sadness and Beauty of Watching Google's AI Play Go," *Wired*, March 11, 2016, last accessed on August 2, 2017, https://www.wired.com/2016/03/sadness-beauty-watching-googles-ai-play-go/.
41. *discretionary hedge funds:* John Authers and Mary Child, "Hedge Funds: Overpriced, Underperforming," *Financial Times*, May 24, 2016, last accessed on August 2, 2017, https://www.ft.com/content/9bd1150e-1b76-11e6-b286-cddde55ca122; Adam Sarhan, "Is Discretionary Macro Dead?," *Forbes*, August 17, 2016, last accessed on August 2, 2017, https://www.forbes.com/sites/adamsarhan/2016/08/17/is-discretionary-macro-dead-wheres-joe-dimaggio/#3bffb1935120; Suzanne McGee, "Rise of the Billionaire Robots: How Algorithms Have Redefined Hedge Funds," *Guardian*, May 15, 2016, last accessed on July 31, 2017, https://www.theguardian.com/business/us-money-blog/2016/may/15/hedge-fund-managers-algorithms-robots-investment-tips.
42. *2016 Goldman Sachs study:* Rachael Levy, "This Is the Biggest Trend in the Hedge Fund World Right Now," *Business Insider*, August 17, 2016, last accessed on July 31, 2017, http://www.businessinsider.com/quant-investing-is-the-biggest-new-trend-for-hedge-funds-2016-8.
43. *reporter Leah McGrath Goodman:* Leah McGrath Goodman, "The Face Behind Bitcoin," *Newsweek*, March 6, 2014, last accessed on July 31, 2017, http://www.newsweek.com/2014/03/14/face-behind-bitcoin-247957.html.
44. *Craig Steven Wright:* Andy Greenberg, "How Craig Wright Privately Proved He Created Bitcoin," *Wired*, May 2, 2016, last accessed on July 31, 2017, https://www.wired.com/2016/05/craig-wright-privately-proved-hes-bitcoins-creator/.

06. 认知空间

45. *America's Future Energy Jobs:* National Commission on Energy Policy's Task Force on America's Future Energy Jobs, 2009, Bipartisan Policy Center, last accessed on July 31, 2017, http://bipartisanpolicy.org/wp-content/uploads/sites/default/files/NCEP%20Task%20Force%20on%20America%27s%20Future%20Energy%20Jobs%20-%20Final%20Report.pdf.
46. *Synthetic Sensors:* Elizabeth Stinson, "A Sensor That Could Make Homes Scary Smart," *Wired*, May 11, 2017, last accessed on August 2, 2017, https://www.wired.com/2017/05/supercharged-sensor-soon-make-homes-scary-smart/.
47. *Nest in 2014:* Lance Whitney, "Google Closes $3.2 Billion Purchase of Nest," *CNET*, February 12, 2014, last accessed on July 31, 2017, https://www.cnet.com/news/google-closes-3-2-billion-purchase-of-nest/.
48. *acquisition of Dropcam:* Marco Chiappetta, "Google Nest Lab's Acquisition of Dropcam Scares the Heck Out of Me," *Forbes*, June 23, 2014, last accessed on July 31, 2017, https://www.forbes.com/sites/marcochiappetta/2014/06/23/google-nest-labs-acquisition-of-dropcam-scares-the-heck-out-of-me/#44691ecb5904.
49. *range of systems:* Hope Reese, "CES 2017: Robots of the Future," *TechRepublic*, January 6, 2017, last accessed on July 31, 2017, http://www.techrepublic.com/article/ces-2017-robots-of-the-future/.

07. 思维入侵

50. *Rayid Ghani:* Gregory Piatetsky, "KDnuggets Exclusive: Interview with Rayid Ghani, Chief Scientist Obama 2012 Campaign," *KDnuggets*, January 2013, last accessed on July 31, 2017, http://www.kdnuggets.com/2013/01/kdnuggets-exclusive-interview-rayid-ghani-chief-scientist-obama-2012-campaign.html.
51. *mass psychographic profiling:* Aditya Madanapalle, "Big Data and Psychographic Profiling Helped Donald Trump Win the US Presidential Election," *Firstpost*, January 31, 2017, last accessed on July 29, 2017, http://www.firstpost.com/tech/news-analysis/big-data

52. *article in* Motherboard: Hannes Grassegger and Mikael Krogerus, "The Data That Turned the World Upside Down," *Motherboard*, January 28, 2017, last accessed on August 2, 2017, https://motherboard.vice.com/en_us/article/mg9vvn/how-our-likes-helped-trump-win.
53. *to widespread recognition:* Nicholas Confessore and Danny Hakim, "Data Firm Says 'Secret Sauce' Aided Trump; Many Scoff," *New York Times*, March 6, 2017, last accessed on August 2, 2017, https://www.nytimes.com/2017/03/06/us/politics/cambridge-analytica.html?_r=0; Matea Gold and Frances Stead Sellars, "After Working for Trump's Campaign, British Data Firm Eyes New U.S. Government Contracts," *Washington Post*, February 17, 2017, last accessed on July 31, 2017, https://www.washingtonpost.com/politics/after-working-for-trumps-campaign-british-data-firm-eyes-new-us-government-contracts/2017/02/17/a6dee3c6-f40c-11e6-8d72-263470bf0401_story.html?utm_term=.c630f34038fe.
54. *where Jared Kushner:* Steven Bertoni, "Exclusive Interview: How Jared Kushner Won Trump the White House," *Forbes*, December 20, 2016, last accessed on August 1, 2017, https://www.forbes.com/sites/stevenbertoni/2016/11/22/exclusive-interview-how-jared-kushner-won-trump-the-white-house/#78a4f0893af6.
55. ScienceNode: Tristan Fitzpatrick, "Data Wins the Day: How HPC Turned the Tide for Trump," *ScienceNode*, November 17, 2016, last accessed on August 2, 2017, https://sciencenode.org/feature/how-polling-models-failed-to-accurately-predict-the-outcome-of-the-election.php.
56. *voter suppression ads:* Joshua Green and Sasha Issenberg, "Inside the Trump Bunker with Days to Go," *Bloomberg Businessweek*, October 27, 2016, last accessed on July 31, 2017, https://www.bloomberg.com/news/articles/2016-10-27/inside-the-trump-bunker-with-12-days-to-go; Joel Winston, "How the Trump Campaign Built an Identity Database and Used Facebook Ads to Win the Election," *StartupGrind*, November 18, 2016, last accessed on August 2, 2017, https://medium.com/startup-grind/how-the-trump-campaign-built-an-identity-database-and-used-facebook-ads-to-win-the-election-4ff7d24269ac.
57. *$191 billion in 2016:* Lucy Handley, "Global Advertising Spend to

www.cnbc.com/2016/12/05/global-ad-spend-to-slow-in-2017-while-2016-sales-were-nearly-500bn.html.

58. *forecasters predict:* "Digital Advertising Revenues to Double by 2020, Rising to $285 Billion," *Jupiter Research*, June 20, 2016, last accessed on August 2, 2017, https://www.juniperresearch.com/press/press-releases/digital-advertising-revenues-to-double-by-2020.

59. *CNN reported:* Ivana Kottasova, "A Third of Pro-Trump Tweets Are Generated by Bots," *CNN Tech*, October 18, 2016, last accessed on August 1, 2017, http://money.cnn.com/2016/10/18/technology/twitter-bots-donald-trump-hillary-clinton/index.html.

60. American Journal of Public Health *published:* David D. Luxton, Jennifer D. June, and Jonathan M. Fairall, "Social Media and Suicide: A Public Health Perspective," *American Journal of Public Health* 102 (May 2012): S195–S200, last accessed on July 31, 2017, https://www.ncbi.nlm.nih.gov/pmc/articles/PMC3477910/.

61. *"the backfire effect":* Brendan Nyhan, Jason Reifler, Sean Richey, and Gary L. Freed, "Effective Messages in Vaccine Promotion: A Randomized Trial," *Pediatrics*, March 3, 2014; Brendan Nyhan, Jason Reifler, and Peter Ubel, "The Hazards of Correcting Myths about Health Care Reform," *Medical Care* 51, no. 2 (2013): 127–32.

62. *"anchoring effect":* Amos Tversky and Daniel Kahneman, "Judgment under Uncertainty: Heuristics and Biases," *Science* 185, no. 4157 (1974): 1124–31.

63. *Robert Epstein:* Robert Epstein and Ronald E. Robertson, "The Search Engine Manipulation Effect (SEME) and Its Possible Impact on the Outcomes of Elections," *PNAS* 112, no. 33 (2015): E4512–21.

64. *Peter Corning:* Peter Corning, "The Re-Emergence of 'Emergence': A Venerable Concept in Search of a Theory," *Complexity* 7, no. 6 (2002): 18–30.

第三章 未来的世界

01. 缺失的部分

1. *"The Last Question":* Isaac Asimov, *The Complete Stories*, Vol. 1 (New York: Doubleday, 1990), 290–300.

02. 工作与生活目标的分离

2. *Oxfam reported:* "An Economy for the 1%," *Oxfam*, January 18, 2016, last accessed on August 2, 2017, https://www.oxfam.org/en/research/economy-1.
3. *universal basic income:* Sonia Sodha, "Is Finland's Basic Universal Income a Solution to Automation, Fewer Jobs and Lower Wages?," *Guardian*, February 19, 2017, last accessed on July 31, 2017, https://www.theguardian.com/society/2017/feb/19/basic-income-finland-low-wages-fewer-jobs.

03. 对知识的渴求

4. *"I was a Treasure": 1000 Qudsi Hadiths: An Encyclopedia of Divine Sayings* (New York: Arabic Virtual Translation Center, 2012).

04. 人工智能创世记

5. *"perceptronium":* Max Tegmark, "Consciousness as a State of Matter," *Chaos, Solitons & Fractals* 76 (2015): 238–70.